熊日莹 编著

全视频

时装画手绘技法

从入门到进阶

U0277295

人民邮电出版社

北京

图书在版编目（ＣＩＰ）数据

全视频时装画手绘技法：从入门到进阶 / 熊日莹编
著. -- 北京：人民邮电出版社，2020.5
ISBN 978-7-115-52804-9

Ⅰ．①全… Ⅱ．①熊… Ⅲ．①时装—绘画技法 Ⅳ．
①TS941.28

中国版本图书馆CIP数据核字(2019)第268416号

内 容 提 要

这是一本讲解时装画手绘技法的专业教程。第 1 章主要讲解时装画的绘制工具及表现技法；第 2～3 章讲解了人体的基本结构和动态的表现技法；第 4～11 章对服装的材质进行划分，分别对飘逸薄纱类、光滑绸缎类、光泽丝绒类、挺括毛纺类、柔软针织类、精致蕾丝类、蓬松毛羽类和粗质牛仔类等材质的时装绘制过程和技法进行了详细讲解。此外，本书还提供了重点知识和全部案例的讲解视频。

本书适合服装设计初学者、服装设计相关专业的学生阅读。

◆ 编　　著　熊日莹
责任编辑　王振华
责任印制　马振武

◆ 人民邮电出版社出版发行　　北京市丰台区成寿寺路 11 号
邮编　100164　电子邮件　315@ptpress.com.cn
网址　https://www.ptpress.com.cn
天津市豪迈印务有限公司印刷

◆ 开本：787×1092　1/16
印张：14.25
字数：450 千字　　　　　　　2020 年 5 月第 1 版
印数：1 – 3 000 册　　　　　　2020 年 5 月天津第 1 次印刷

定价：89.00 元
读者服务热线：(010)81055410　印装质量热线：(010)81055316
反盗版热线：(010)81055315
广告经营许可证：京东工商广登字 20170147 号

将绘画融于生活，是我一直以来的心愿。很幸运的是，如今绘画已成为我生活中很重要的一部分，我希望能与正在阅读此书的你分享这种状态。

正如爱默生所言："文艺的爱好是一种无法毁灭的本能。"能够将兴趣与工作融合，对我而言是一件很有意义的事。我本是一名城市规划专业的学生，因为对艺术和时装的热爱，毕业后便开始自学时装画。随着临摹的优质作品增多，我逐渐对马克笔的使用方法有了更深的了解。之后，每当看到一些时装秀场图时，便不自觉地开始分析这些秀场图里的服装廓形和褶皱，并且琢磨服装细节的绘制技法。在绘画的过程中，我也慢慢总结出一些绘画技巧和心得体会，正如这本书中所讲的内容。

本书先讲解了马克笔的基本表现技法，然后讲解人体的基础知识和表现技法，接着讲解人体动态和着装的表现技法，最后从服装材质入手，示范了各类材质的表现技法，全面讲解了时装画的绘制与表现技巧。每个案例均按照起稿、勾勒和上色的流程进行讲解，且均配有视频，希望能够提升大家的阅读体验，提高大家的学习效率。

绘画需要勤于学习，学习他人的绘画技巧，临摹大量的优质作品，达到量变引起质变的效果；绘画需要善于思考，当逐渐有了自己的构图方式和色彩搭配方法之后，就应进行阶段性总结，只有将量变与质变结合起来，才能慢慢形成自己的绘画风格；绘画需要勇于决断，落笔要坚定，不要优柔寡断，更不要害怕出现技法失误，要享受绘画的偶然性和不确定性；绘画需要充满自信，要勇于跳出自己的"舒适圈"，多尝试自己不熟悉的配色和风格，在与新题材的碰撞中产生更多的可能性。

"一定要，爱着点什么。它让我们变得坚韧，宽容，充盈。"最近看到汪曾祺《人间草木》一书中的这句话，深有感触。在此把这句话分享给广大读者，希望能与大家共勉。

感谢在写作过程中支持和帮助过我的人，希望这本书能够被更多的人喜欢。若你能从本书中汲取一点对你自己有用的东西，我会甚感欣慰。

熊日莹

资源与支持

本书由"数艺设"出品，"数艺设"社区平台（www.shuyishe.com）为您提供后续服务。

配套资源

重要知识点讲解视频

案例绘制视频

资源获取请扫码

"数艺设"社区平台，为艺术设计从业者提供专业的教育产品。

与我们联系

我们的联系邮箱是 szys@ptpress.com.cn。如果您对本书有任何疑问或建议，请您发邮件给我们，并请在邮件标题中注明本书书名及 ISBN，以便我们更高效地做出反馈。

如果您有兴趣出版图书、录制教学课程，或者参与技术审校等工作，可以发邮件给我们；有意出版图书的作者也可以到"数艺设"社区平台在线投稿（直接访问 www.shuyishe.com 即可）。如果学校、培训机构或企业想批量购买本书或"数艺设"出版的其他图书，也可以发邮件联系我们。

如果您在网上发现针对"数艺设"出品图书的各种形式的盗版行为，包括对图书全部或部分内容的非授权传播，请您将怀疑有侵权行为的链接通过邮件发给我们。您的这一举动是对作者权益的保护，也是我们持续为您提供有价值的内容的动力之源。

关于"数艺设"

人民邮电出版社有限公司旗下品牌"数艺设"，专注于专业艺术设计类图书出版，为艺术设计从业者提供专业的图书、U 书、课程等教育产品。出版领域涉及平面、三维、影视、摄影与后期等数字艺术门类，字体设计、品牌设计、色彩设计等设计理论与应用门类，UI 设计、电商设计、新媒体设计、游戏设计、交互设计、原型设计等互联网设计门类，环艺设计手绘、插画设计手绘、工业设计手绘等设计手绘门类。更多服务请访问"数艺设"社区平台 www.shuyishe.com。我们将提供及时、准确、专业的学习服务。

目录

CONTENTS

第 3 章 时装画的人体动态与着装表现技法 ...031

第 4 章 飘逸薄纱类材质的绘制技法 043

CHAPTER
01

第 1 章

时 装 画
中马克笔的
表现技法

1.1 马克笔的基本运笔技法

作为一种快速表现时装画的绘画工具，马克笔虽然使用起来非常方便，但也有一定的局限性。马克笔的混色效果较弱，即无法使用较少的颜色调制出多种颜色，因此需要利用马克笔笔头的特性，通过平涂、扫笔和转笔等多样化的运笔方法来绘制不同的效果。

1.1.1 方头平涂法

利用马克笔方头的特性，在绘制时要保持力度的均衡，并通过拖笔的方式排列线条，形成大面积色调一致的画面。通常在填涂大面积的色块时，可以运用此技法。这样绘制出来的底色均匀，有利于在此基础上进一步表现画面的明暗关系。

1.1.2 方头扫笔法

利用马克笔方头的特性，在起笔时力度要稍微大一些，然后减小力度并将笔提起，绘制出射线的效果。通常在绘制一些需要呈现出自然渐变的效果和材质较硬的服装时，可以运用此技法。例如，在绘制纱质服装时，可以运用此技法表现出自然渐变的效果。

1.1.3 方头转笔法

利用马克笔方头的特性，在转动笔头并运笔时要提起和按压笔尖，形成特殊的线条。通常在绘制一些单色服装时，可以运用这种技法。通过笔触丰富的变化来增加画面的趣味，提高画面的耐看性。

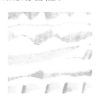

1.1.4 软头扫笔法

利用马克笔软头的柔韧性，在起笔时力度要稍微大一些，然后减小力度并将笔提起，绘制出射线的效果。通常在加深服装的暗部时，可运用此技法。马克笔的软头比方头更好控制，在使用软头扫笔法绘制服装的暗部时，不仅能表现暗部的颜色，还能表现褶皱的变化。

1.1.5 软头转笔法

利用马克笔软头的柔韧性，要控制好力度，提起和按压笔尖，形成特殊形状的笔触。通常在绘制一些材质较柔软和造型较特殊的服装时，运用此技法更能达到预期的效果。同时，自然渐变的笔触还能更好地表现服装的明暗关系。

1.1.6 软头勾勒法

利用马克笔软头的柔韧性，要控制好力度，绘制出较细且均匀、流畅的线条。使用不同的方式对线条进行排列，可以形成不同的效果。通常在勾勒格纹图案和表现编织材质时，可以运用此技法。另外在绘制一些颜色较浅的服装时，如果想表现清新的风格，可以选择与服装颜色一致的马克笔勾勒轮廓。

1.2 马克笔的笔触变化

"点"经过有序的排列组合可以连成"线",并且可以随着力度的变化展现出不同的聚点形态。"线"经过有序的排列组合又可以形成"面"。在使用马克笔进行大面积的铺色时,往往会因不容易将颜色铺均匀而出现渗色的情况,并且在交接的地方很容易形成印记,同时大面积的颜色也会稍显呆板,不够自然。因此,我们可以利用笔头的特性绘制点、线和面,通过往不同的方向用力来表现丰富有趣的画面。

1.2.1 点的变化

将马克笔立起,利用其软头绘制点,形成"连点成线"的效果。一般来说,点会出现在时装画的细节装饰部位。从排列方式来看,有的点呈规律排列,有的点则呈随机排列;从形状大小来看,有的点大小相同,有的点则大小不一。在绘制铆钉和宝石等物体时,会用排列规律的点来表现;在渲染背景时,会用排列随机的点来表现。当服装款式或颜色较单一时,可以运用点来塑造画面,使画面效果更丰富。

利用马克笔的方头笔尖绘制方形点，然后在纸面上拖动笔尖，使点的长短不一。在通过颜色塑造服装时，要注意笔触不能乱，将颜色安排得恰当和准确，这样才能表现出人物和服装的立体感。

利用马克笔方头笔尖的斜侧面绘制点并进行排列，得到"鱼骨"的形状。在绘制一些具有特殊纹理（如针织纹理）的服装时，可以运用这种方式。

· 提示 ·

在绘制上图中的针织纹理时，笔者使用了多种笔触来表现，从而让画面效果更丰富。

1.2.2 线的变化

利用马克笔的软头，通过提起和按压笔头调整笔尖与纸的接触面，可以形成有宽窄变化的曲线。在绘制一些边缘柔和的服装时，可以运用此技法。通过控制线条的粗细，不但能表现出服装边缘宽窄的变化，而且可以很好地表现服装的明暗关系。这样绘制出来的线条比较连贯且丰富，能够很好地展现服装的轮廓变化，使画面整体性更强。

利用马克笔的方头，通过控制笔尖和纸面的刮擦程度，可以形成拉丝状的细线条。在绘制一些牛仔和针织等特殊面料时，可以运用此技法。这样绘制出的线条有毛边的效果，能够很好地体现出画面的质感。注意，这样的笔触只能少量地用于局部，可以让画面更加丰富和精致；而如果大面积使用，则会让画面显得杂乱。

利用马克笔的方头，通过提起和按压笔头变换笔尖与纸的接触面，可以形成锯齿状的线条。在进行大面积铺色时，可以运用此技法。在对背景和人物的轮廓进行勾勒时，也可以运用此技法。尤其是对于一些较为抽象的画面，这种特殊的笔触不但能快速地对其进行塑造，而且能为其增添趣味性。

CHAPTER

02

第 2 章

时 装 画

中的人体基础

与表现技法

2.1 时装画中的人体比例

时装画以绘画作为基本手段，通过丰富的艺术处理方式对时装进行升华。服装依托于人体而存在，为了理想化地展现设计师的创作意图以及更好地展现时装效果，时装画所采用的人体往往是经过提炼和概括的，拥有较完美的身形比例。因此，学习并掌握人体的基本比例和结构，对于进行时装画创作有着十分重要的意义。

了解人体比例，有助于在绘制人体时进行更快速和更准确的定位。大多数人的身长比例为 7.5 头身，有的为 7 头身。一些模特的身长比例为 8 头身，搭配高跟鞋能达到 8.5 头身。在绘制时装画时，由于摄影手法和穿搭等因素，我们通常将人体的身长比例设定为 9 头身。当然为了展现服装风格和画面氛围，还可以适当地夸大人体的身长比例，如设定为 10 头身。

8 头身以肚脐为界，上下身的比例为 3 ： 5。9 头身则是在 8 头身的基础上略微拉长下半身，使四肢显得更加匀称和修长，此身长比例适合用来表现大多数服装。本书中的案例大多采用的是 9 头身的身长比例。

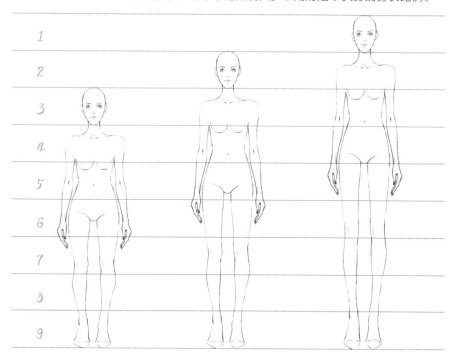

学习人体比例是使时装画学习得以深入展开的第一步。首先，时装画采用的人体通常只是对线条的提炼和概括，主要目的是清晰展现服装与人体的穿搭关系，因此绘画时要把注意力集中在线条和色彩上。其次，初学者在练习绘制时装画时，不要过于追求人体比例的夸张与变形，而应该先了解正常的人体比例的表现方法，再尝试特殊的透视角度和扭曲幅度较大的人体动态造型。

· 提示 ·

头全高是指从头顶点至颌下点的垂距。头身比 = 身高 / 头全高。绘画中的"头长"指的是头全高。

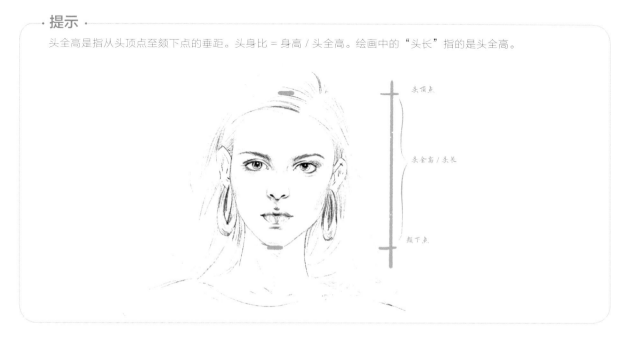

2.2 人体比例的基本表现技法

　　服装依托于人体而存在，因此从前期的设计阶段到后期的制版试样阶段都会涉及人体。实际上，服装设计的整个流程就相当于完善人体造型的过程。手绘者要了解人体、熟悉人体，再在人体造型准确的基础上添加时装效果，才能绘制出优秀的时装画作品。

2.2.1 9头身正面人体

扫码看视频

　　无论人体轮廓与姿态的变化多么丰富，整个人体都符合一定的比例关系，只要掌握比例关系，就可以更快速、更准确地对人体进行定位。用简单的几何形对人体的不同部位进行概括，是学习时装画的必要环节。下面以9头身人体为例，为大家讲解正面人体的绘制方法。

01 作辅助线确定人体的纵向比例。画出重心线（垂直水平线）并进行9等分，每格为1个头长，分别为头顶、下颚、乳突点、腰线、臀底、大腿、膝盖、小腿、脚踝和脚底。肩线在第二个头长1/2偏上的位置。

02 作辅助线确定人体的横向比例。画出头宽线，将长宽比设定为3：2；然后定出肩宽线，肩宽为1.5个头长；接着画出腰宽线，腰宽为1个头长；最后画出臀底宽线，臀底宽为1.5个头长。

03 对人体进行几何化处理。用几何形表示各关节（椭圆形）、颈部（等腰梯形）、胸腔（等腰梯形）、盆腔（等腰梯形）、四肢（矩形）和关节（圆形）。肘关节在腰线的位置，腕关节在臀底的位置，手的长度约为1个头长。

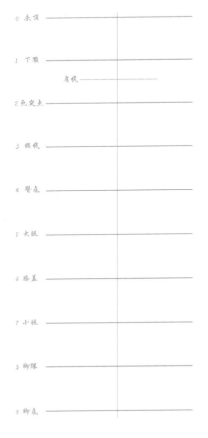

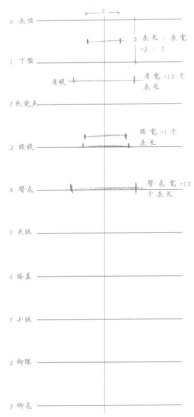

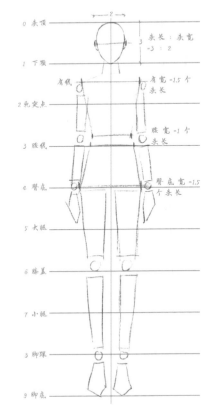

04 将面转换为体。根据辅助线以柔顺的曲线画出人体肌肉的线条，表现出立体感。根据图中箭头的提示，掌握肌肉线条的起伏变化。

05 调整画面。将画板立起，稍微离远一些观察画面，仔细擦除辅助线。

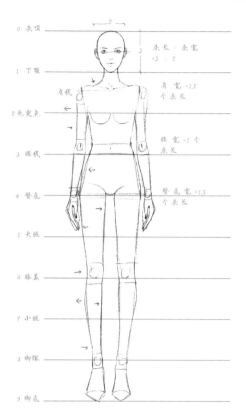

·提示·

以上绘制的是女性人体，下面再为大家讲解如何绘制男性人体。在时装画中，男性人体相比女性人体有以下 4 个特征。

01 肩宽为 2 个头长，因此躯干呈倒三角形。

02 胸廓与盆腔之间的距离较短，不如女性的腰部修长。

03 颈部和四肢都较粗壮，肌肉组织明显，关节部位突出，肩部斜方肌向上隆起。

04 在绘制时，可采用硬朗的线条表现健壮感，并用更加强烈的明暗关系体现骨骼与肌肉的结构和形状。

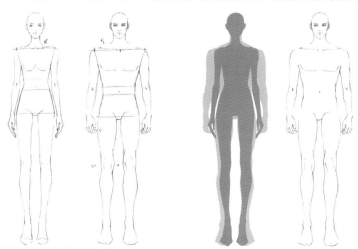

2.2.2 9头身3/4侧面人体

扫码看视频

　　3/4侧面人体的绘制方法与正面人体的绘制方法大致相同。在确定人体的横向比例关系时，由于受空间透视的影响，因此人体的前宽线会缩短，并且不再保持水平状态。在绘制时，要表现出身体侧面的厚度，并注意腰部弯曲的幅度较大。

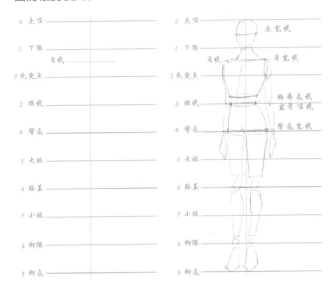

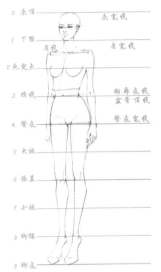

2.2.3 9头身侧面人体

扫码看视频

　　侧面人体的绘制方法也与正面人体的绘制方法大致相同。在绘制时，要先定好比例，然后勾勒轮廓。注意贯穿头部、颈部、背部、臀部、胸部和腹部的侧面轮廓线是绘制侧面人体的重点，且身体背面线条弯曲的幅度更大。

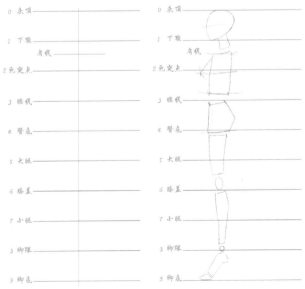

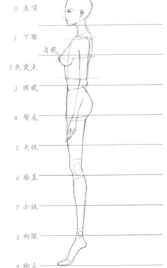

2.2.4　9头身背面人体

背面人体与正面人体的整体外轮廓结构基本一样，但一些关节的形状变化和肌肉的起伏状态会有不同。例如背面人体的肘关节突出，膝关节凹陷，这与正面人体刚好相反。

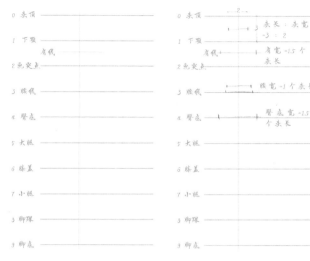

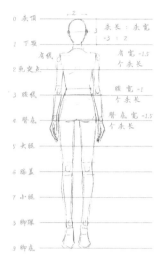

2.3　时装画中的人体结构

人体结构中肌肉线条和骨骼关节的变化复杂且微妙，往往令初学者无从下手。其实，在绘制时装画时，并不需要对人体结构进行细致入微的刻画。本节主要讲解头部、躯干、上肢和下肢这四大人体结构，并通过局部的练习加深大家对人体结构的了解。

2.3.1　头部与五官的结构

在时装画中，对面部的描绘很重要。面部的结构遵循"三庭五眼"的基本比例，"三庭"是指从发际线到下颚线的长度为3个鼻子的长度；"五眼"是指从左耳郭外沿到右耳郭外沿的水平方向的人脸宽度为5个眼睛宽度的总和。根据这个比例，能够帮助我们确定大致的五官位置。

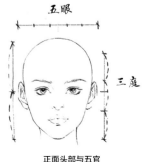

正面头部与五官　　　　　3/4 侧面头部与五官　　　　侧面头部与五官

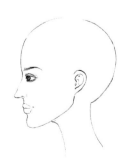

2.3.2 胸腔与盆腔的结构

人体的躯干起伏变化微妙。在时装画中，不必过分表现肌肉的走势，只需绘制出大致的外轮廓，简单地表现出明暗关系即可。在绘制时，我们将躯干大致分为胸腔和盆腔两大块，可以将胸腔当成上宽下窄的等腰梯形，上边与锁骨在一个高度，下边是肋骨的底端；可以将盆腔当成上窄下宽的等腰梯形，上边为盆骨的顶线，下边为髋宽线。胸腔与盆腔之间是腰部，通过脊柱相连，因此脊椎的弯曲会造成胸腔与盆腔的扭转。

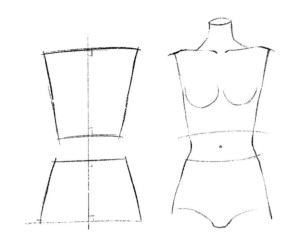

2.3.3 手臂与手部的结构

在绘制上肢时，可以对人体进行几何化处理，快速定出上肢的位置和大致轮廓。上肢通过肩关节与胸腔连接，上下手臂通过肘关节连接，手臂与手腕通过腕关节连接，因而上肢的动作可以灵活多变。

在绘制手臂时，可以对其进行几何化处理，先用圆形表示肩关节、肘关节和腕关节，然后用矩形表示上臂和下臂，最后用柔顺的线条将各部位连接起来。具体表现为：肩部三角肌处略微凸起，肘关节处有明显的凸起，手腕外侧凸起、内侧向内凹陷，腰部线条有起伏变化。

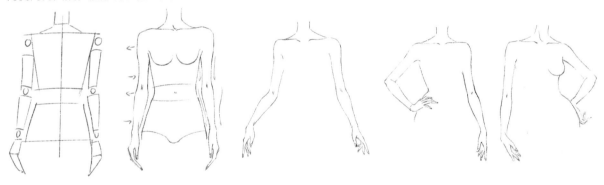

手部的骨骼和肌肉较多，因此其形态灵活多变。在绘制手部时，可将其长度控制在 3/4 个头长。手部分为手指和手掌（A）两大部分，它们的长度基本相等。手指又分为下半部分（B）和上半部分（C），可将其处理成几何体，然后进行细致刻画，注意中指最长，指关节呈弧形排列。

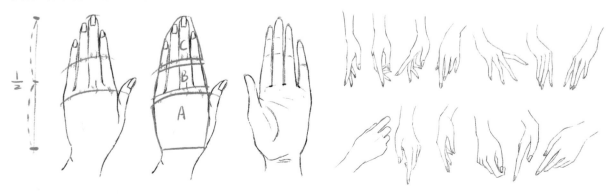

2.3.4 腿部与脚部的结构

下肢的结构与上肢类似，腿部与盆腔通过大转子相连，大腿和小腿通过膝关节相连。由于下肢主要支撑人体的重量，因此在绘制时要考虑好人体的重心，把握好落脚点，从而表现出力量感。

> **·提示·**
> 股骨颈与体连接处上外侧的方形隆起的地方，称之为大转子。

在绘制腿部时，可以对其进行几何化处理，先定好大转子、膝关节和踝关节的位置，然后通过矩形确定大腿和小腿的位置，再用柔顺的线条连接起来。注意，关节凸起的部位和小腿腓肠肌的位置会形成饱满的曲线，小腿腓肠肌最凸起的部位大致在小腿 1/3 的位置。

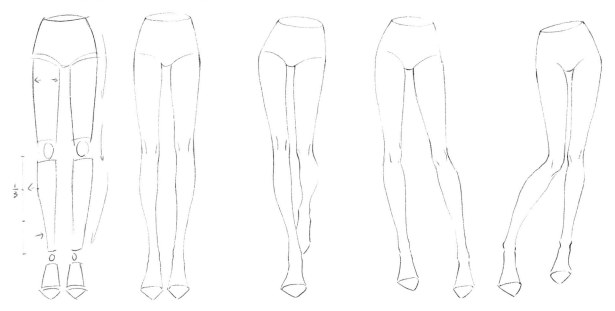

脚部的绘制方法与手部的绘制方法一样，先用几何块面表示，然后逐步进行细致的刻画。由于透视的关系，正面脚部的长度被缩短，且脚趾显得较为粗壮。脚部的表现与鞋息息相关，可以先用几何形画出脚部的大致轮廓，然后顺应不同的块面画出鞋子的结构，再将裸露的脚部细节补充完整。注意，脚指甲的形状对于脚部立体感的体现很重要，因此要找好透视关系认真绘制。

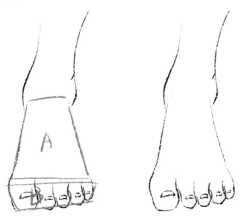

鞋跟越低，脚背和足弓的曲线越平；鞋跟越高，脚背越紧绷，就越容易呈现出有力度的弧度。

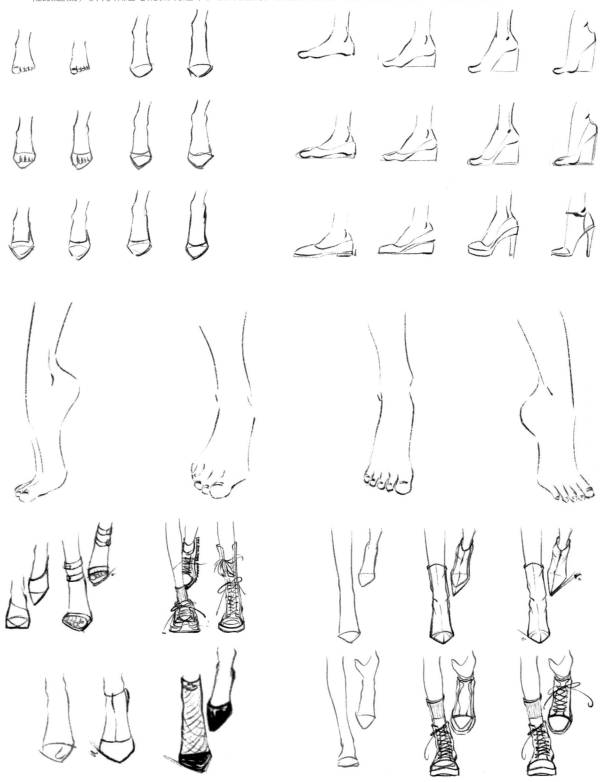

2.4 人体结构局部的基本表现技法

在时装画中，面部的描绘很重要。模特恰到好处的表情和妆容都能更好地展现服装风格，这也是服装展示中精气神的体现。在明确了"三庭五眼"的面部比例之后，我们需要对五官的局部进行描绘。同样，还是先对五官进行几何化处理，然后用线条相连接，再细化各部位，最后绘制阴影以表现明暗关系。绘制好五官之后，还可以搭配不同风格的妆容和发型，这对人物和服装都能起到很好的衬托作用，从而凸显人物的气质和形象，让时装画作品更吸引人。

2.4.1 眼睛的表现技法

扫码看视频

眼睛能表达人物内心的情感，因而其刻画非常重要。眼睛的形状类似橄榄，在绘制时需要表现出内眼角的变化和上下眼睑的厚度。通常瞳孔会被眼睑遮住一部分，因此瞳孔不一定是圆形的。同时，还要注意眼白和眼球的比例。

01 对眼睛进行几何化处理。以人物的左眼为例，绘制出一个略微细长的平行四边形，注意眼角呈内低外高的状态。

02 绘制外轮廓。用弧线绘制出眼睛的大致轮廓，注意内眼角的轮廓稍细长、外眼角附近的轮廓稍饱满。

03 绘制眼球和瞳孔。在绘制眼球时，要注意眼球会被眼皮遮住一部分；在绘制瞳孔时，要有意识地留出高光。先绘制出双眼皮褶，然后绘制出眼睑。

04 绘制睫毛。睫毛呈放射状，内眼角的睫毛比外眼角的睫毛稀疏且短，上睫毛比下睫毛浓密。可以一组一组地进行绘制，然后再加深暗部。

2.4.2 鼻子的表现技法

扫码看视频

鼻子处于面部的正中位置，形似棱锥体，立体感较强。在绘制面部时，通常会将重点放在眼睛上而弱化鼻子，因此只需简单地画出鼻子的轮廓即可。

01 绘制一个类似等腰梯形的结构。注意左右对称，将山根向内收，将鼻翼扩大。

02 对鼻头进行几何化处理。用3个圆概括出鼻头和鼻翼的大致轮廓。注意鼻翼的圆稍小一些。

03 绘制鼻孔和鼻头。在鼻头翘起的位置标出转折，以区分出鼻正面和鼻底面。然后绘制出鼻孔，注意左右要对称。

04 表现立体感。擦淡辅助线，用肯定的线条勾勒出鼻孔和鼻翼的轮廓，并在鼻底处轻轻地画出阴影。在山根两侧的暗部淡淡地铺一些阴影，注意颜色不要太深。

2.4.3 嘴巴的表现技法

扫码看视频

　　嘴巴是面部表情变化最丰富的部位。在时装画中，模特的表情不会有太多变化，因此画出放松状态下的唇部即可。注意唇部上薄下厚，轮廓不要用线条勾全，用笔要轻一些。

01 绘制出两个梯形，并概括出唇部的大致轮廓和唇中缝的位置。

02 用直线概括出嘴巴的形状，然后在唇中缝上确定唇珠的位置和唇缝的形状，注意下唇比上唇更饱满。

03 用圆润的线条对几何形的唇部进行细化，适当强调嘴角和唇珠两侧的凹陷部位。

04 铺上阴影，加深嘴角和唇中锋的颜色，表现出唇沟。将下唇的轮廓线稍微擦淡一些，并适当留白。

2.4.4 耳朵的表现技法

扫码看视频

　　耳朵位于头部的两侧，从正面看其形状并不明显。在时装画中，一般不会对耳朵进行细致的刻画，因此简单地画出轮廓即可。在绘制完整的头部时，要注意耳朵与头发的遮挡关系。

01 以左耳为例，用类似椭圆的形状概括耳朵的外轮廓，表现出饱满的耳轮和收窄的耳垂。

02 用稍肯定的线条概括出耳轮和耳垂，以及与面部相连的耳屏。

03 用肯定的线条完善耳轮、耳垂和耳屏，并绘制出三角窝。

04 铺些阴影，将耳朵的结构补充完整。注意耳轮呈 Y 字形，但不用将 Y 字形画得太明显，只需表现出明暗关系即可。

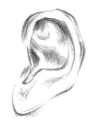

2.4.5 发型的表现技法

在时装画中，恰当的发型往往能够传递出强烈的时尚信号和个人符号，且对人物和服装都能起到很好的衬托作用。无论是披散的头发，还是盘起的头发，在绘制时都应该从整体入手。先概括出头发的轮廓，然后整理出头发的层次，接着表现出明暗交界、亮部、暗部和反光的部位。在明确了大的块面结构和明暗关系之后，再根据具体的发丝组织和穿插关系进行细化。

扫码看视频　　扫码看视频　　扫码看视频

短发　　　　　　长发　　　　　　盘发

● **短发**

01 确定比例并勾画轮廓。先用铅笔绘制出椭圆形的头颅，然后根据"三庭五眼"的比例确定好五官的位置，接着简单地概括出头发的外轮廓。注意，头顶处的头发是有厚度的，而不是紧贴着头皮的，发尾部位微微蓬松。对于面部底下延伸出的脖子和肩膀，简单地概括出其轮廓即可。

02 绘制头发的层次和五官的轮廓。先根据发丝的走向整理出头发的层次，再对头发进行分组，通过线条的疏密变化大致表现出头发的暗部，然后绘制出瞳孔和眉毛以完善五官的轮廓。

03 进一步刻画。根据每组头发的走向绘制发丝细节，注意头顶分缝线的颜色较深。加深归拢于耳后和脖子后方的头发，以增强空间关系。由于发尾向内卷，因此发尾的颜色更深，可用细线表示，再添加一些细碎的发丝，使整个发型更加自然。

- **长发**

01 绘制出头部的轮廓。先根据"三庭五眼"的比例确定好五官的位置，然后用线条大致概括出头发的外轮廓。注意表现出头顶头发的厚度，以及头发从分缝线向两侧倾斜的状态。

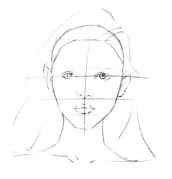

02 明确五官的结构。对头发进行分组，左侧搭在肩膀上的头发有一定的转折，两侧的头发则分别别在耳后。注意，面部后方的头发均属于暗部，也要分组进行绘制，之后绘制出耳环的轮廓。

03 完善五官。加深头发的暗部，绘制出发际线、耳朵后方和脖子两侧的部位。注意，要对亮部进行留白，从而让画面有空间感。

- **盘发**

01 绘制出头部的形状，先根据侧面的角度绘制面部的中心线，确定好五官的位置，然后简单地概括出脖子和衣领的轮廓。接着绘制出头顶的分缝线，根据盘发的厚度确定头顶发型的轮廓，再绘制出蝴蝶结发饰。注意收窄系扎的部位，同时适当夸张发饰。

02 由于盘发发型正面露出的头发不多，因此只需简单地描绘发丝即可。注意耳朵旁飘散的发丝走向。完善五官结构，再绘制出蝴蝶结饰品上的褶皱。

03 加强五官的立体感，绘制耳环，然后擦除头顶分缝线的分界线，最后加深蝴蝶结饰品下方的发丝。

CHAPTER
03

第 3 章

时 装 画
的人体动态与
着装表现技法

3.1 影响人体动态的主要因素

在时装画中，往往会通过不同的人体动态展现服装的设计重点。人体动态丰富多变，想要很好地表现出来，就需要了解人体的中心线和重心线，分析和掌握一些动态规律，让画面中的人体保持平衡和稳定。通常情况下，只需熟练掌握人体站立的姿态和行走的姿态即可，因为大部分时装画都是通过这两种姿态进行展现的。

3.1.1 重心线

身体各部位的互相协调使得身体保持平衡和稳定，这时候身体的着力点即为人体的重心。重心线是通过人体锁骨窝点垂直于水平线的一条垂线，它不会随着人体动态变化而变化，会始终垂直于水平线。在绘制时装画人体时，要先确定好人体的着力点，以确保人体动态的稳定，即确保支撑身体的脚要落在重心线上。重心线的体现大致分为3 种情况。

第一种：两条腿平均支撑身体的重量。	第二种：一条腿主要支撑身体的重量，另一条腿辅助支撑身体的重量。	第三种：一条腿独立支撑身体的重量。
身体基本处于直立状态，两腿之间形成支撑面。	胯部向一侧提起，重心线会更靠近主要支撑身体重量的腿。	人体走动时双腿交替，通常只有一条腿支撑身体，那么胯部就会随支撑身体的这条腿抬起。

3.1.2 中心线

从平面上看，人体结构图大致是左右对称的。要将人体平分为左右对称的两部分，就要确定躯干的中心线，即人体的脊柱。大多数情况下，随着模特身体的扭动，脊柱往往呈现出富有张力的动态曲线状态。因此，在绘画前要先掌握脊柱的运动规律。

3.1.3 躯干的运动规律

躯干的运动变化复杂，起伏微妙。但在绘制时装画时，只需掌握人体在走动时的躯干变化即可。先将躯干简化为上部分的胸腔和下部分的盆腔，并且可以将二者看成由脊椎相连接的两个等腰梯形。当胸腔和盆腔处于平行状态时，身体相对静止；当胸腔和盆腔之间出现较大的角度时，身体动态幅度大，即肩部和盆骨做相反方向运动。

- **正面直立躯干**

当身体静止时，胸腔和盆腔是对称且平行的，腰部处于放松状态。

- **正面轻微扭转躯干**

当身体轻微扭转时，胸腔和盆腔的形状不变，脊椎弯曲，腰部的一侧收紧，另一侧被拉伸。

- **正面剧烈扭转躯干**

当身体剧烈扭转时，胸腔和盆腔的形状仍旧不变，脊椎弯曲幅度加大，腰部的一侧收紧，另一侧被拉伸的程度加剧。

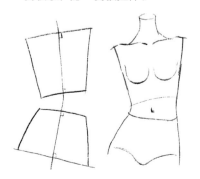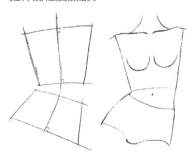

3.1.4 四肢的运动规律

人在走路时，基本规律是双腿交替向前运动，并带动躯干向前运动。为了保持身体的平衡，双臂会进行与双腿交替动作方向相反的前后摆动；为了保持重心的稳定，总是一条腿支撑身体重量，另一条腿提起向前迈步，此时承重腿在人体的重心线上。其实人行走的过程就是一个不断失去重心，但又在瞬间恢复平衡的过程。

● 上肢的运动规律

上肢在人体的运动中起着重要的作用，不同的手臂动作能够表达不同的情绪。手臂与胸腔通过肩关节连接，上下手臂通过肘关节连接，手臂与手腕通过腕关节连接。

手臂在甩动时，手腕会产生一定的弧度，做出一个小的跟随性动作，这样会显得有弹性。同时，上肢的运动也会带动下肢的运动，肩膀会有起伏，肩膀的倾斜方向与胯部的倾斜方向相反。

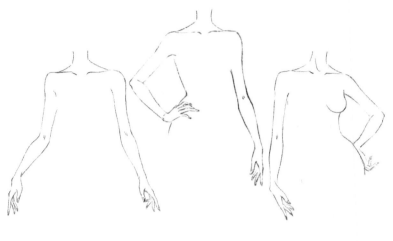

● 下肢的运动规律

人在走路或跑步时，首先要将脚跟放平，这样可以积蓄力量；其次抬脚要尽可能保持脚向后延伸并坚持到最后一刻，这样才会产生强劲的爆发力。下肢的结构与上肢类似，腿部与盆腔通过大转子相连，大腿与小腿通过膝关节相连。由于下肢主要支撑人体的重量，因此在绘制时要考虑好人体的重心，把握好落脚点，表现出力量感。

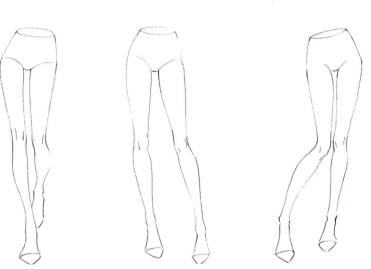

3.2 人体动态与造型

通常来说，模特会根据不同服装的特点呈现相应的姿态。大部分服装的特点均可以通过走姿很好地表现出来。在明确了基本的人体走姿后，可以通过观察服装的结构，将服装"套"在人身上，找到更合适的动态，这样不仅能展现服装的特点，还能让画面效果更丰富。

3.2.1 走姿动态与造型

扫 码 看 视 频

在绘制人体动态时，可以先绘制走姿，因为走姿基本上能展示大部分服装的特点。对于初学者来说，走姿的绘制方法更易掌握。大家可重复练习一个姿势，待熟练之后再去学习其他动态的表现方式，做到举一反三。

01 绘制辅助线。绘制出垂直的中心线，然后根据 9 头身的比例绘制出横向的辅助线。

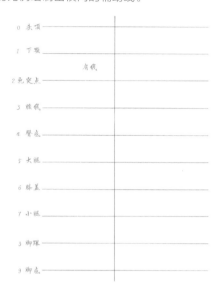

02 确定比例。绘制出人体面部、躯干和四肢的中心线，然后确定胸腔和盆腔的位置，并确保受力腿位于重心线上。

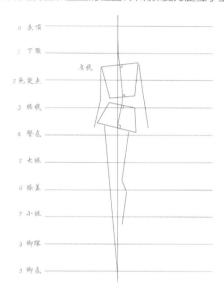

03 对人体进行几何化处理。用几何形概括出人体的头部、躯干、上肢和下肢，然后确定关节的位置。

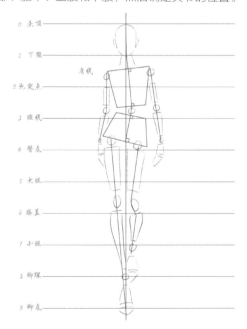

04 完善轮廓。用圆润的曲线完善人体的轮廓，并绘制出锁骨、胸部、手部和脚部等细节，最后擦除辅助线。

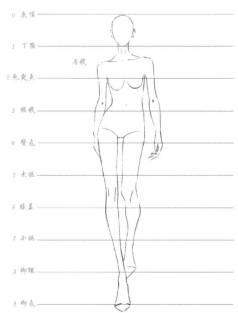

3.2.2 其他动态与造型

　　为了避免正面站立的人体显得生硬、呆板，可以灵活地控制人体头部、躯干和四肢的朝向。正面站立的人体通常对服装的遮挡和干扰都较少，能全面地展示服装，是较为常见的人体造型。在绘制人体的站立姿态时要注意两点：一是胸腔和盆腔的运动方向相反，即肩线与髋宽线之间形成的夹角越大，人体扭曲的动势越大；二是模特的四肢在运动中会发生透视的变化，从正面看，向后甩的手臂或腿部都会显得稍小一些。

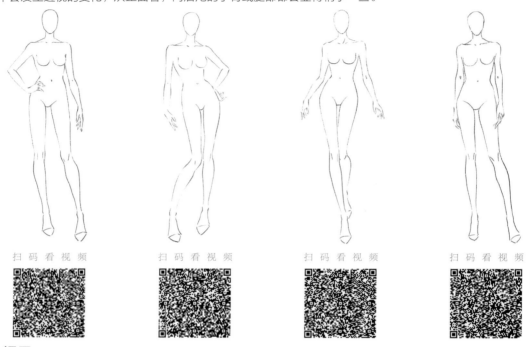

扫码看视频　　扫码看视频　　扫码看视频　　扫码看视频

· 提示 ·

　　在绘制模特正面站立的姿势时，由于模特没有做出行走抬腿的动作，因此透视的变化不会太明显。而为了增加模特姿态的生动性，会添加手臂的动作和上半身的扭转动作。

3.3 人体动态与服装的关系

　　服装依托于人体，人体支撑着服装，二者密不可分。要绘制好时装画，就要先掌握人体与服装之间的关系。切记不论人体如何变化，服装始终都是"套"在人体上的。在绘制服装时，不能忽视对人体结构与动态的表现。

3.3.1 人体与服装廓形的关系

　　服装的廓形是服装款式造型的第一要素，是服装最直观的外部形态。廓形的塑造主要有两个途径：一是通过服装的结构、省道等裁剪来实现；二是借助于服装面料的支撑、软硬度、光泽度和悬垂度等固有特性来实现。服装的廓形主要有以下几种。

• H 形

　　H 形也称矩形、箱形或筒形。其造型特点是平肩，腰部和下摆的廓形比较宽松，弱化了肩、腰、臀之间的宽度差，外轮廓形似字母 H。H 形服装掩盖了身体曲线，具有简约、挺括和舒适的特点。通常运动装、休闲装、居家服和男装多以 H 形为主。

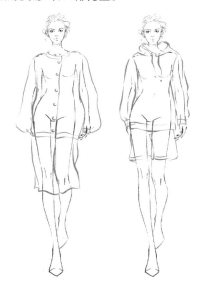

• A 形

　　A 形是一种上窄下宽的造型。其造型特点是弱化了肩膀和夸大了下摆，展现出一种上小下大的梯形造型效果。A 形廓形通常运用在连衣裙和晚礼服中，给人以修长和优雅的感觉，极富动感。

• X 形

　　X 形是富有女性化线条的造型。其造型特点是顺应人体曲线、夸张肩部、收紧腰部、自然呈现臀部、下摆宽大，上下部分宽松，中间收紧，外轮廓形似字母 X。X 形与女性的身体曲线相吻合，能充分展现和强调女性柔和、柔美的特点，突出女性特有的魅力。

• T 形

　　T 形也称 Y 形，外形呈倒梯形或倒三角形。其造型特点是放大肩部线条，收紧下身，展现出上宽下窄的造型效果。T 形廓形具有大方、洒脱和男性化的特点，它模糊了男女的性别特征，强调女性强势的一面。很多职业装通常会采用此种廓形。

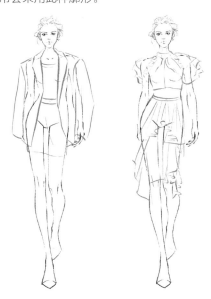

- **O 形**

  O 形也称气球形或圆筒形，外形呈椭圆形。其造型特点是肩部、腰部和下摆处没有明显的棱角，特别是腰部线条宽松，下摆内收，整体效果比较饱满、圆润，可以用于袖子的造型设计。因为 O 形廓形留有宽松的空间，可以满足大量运动的需求，所以常用于休闲装、运动装和孕妇装的设计中。

3.3.2 人体与服装褶皱的关系

  在时装画中，服装的褶皱具有很强的表现力。要想绘制出生动和自然的服装，对褶皱的刻画必不可少。服装的褶皱是由不同形状和不同方向的线条表现出来的。产生褶皱的原因主要有 3 个：一是在重力作用下，面料本身的悬垂性会使服装产生垂直于地面的褶皱；二是由于人体的运动，服装与人体之间的空间发生变化，人体节点之间的面料就出现了褶皱；三是由于工艺特性，服装会产生不同的褶皱样式。

- **面料悬垂形成的褶皱**

  堆积褶

  如果服装的面料较多，堆积在一起就会产生褶皱。堆积褶通常呈横向走势，多出现在宽松的运动装的腰部和裤腿处。

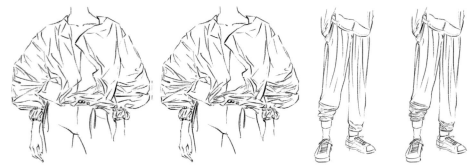

> · **提示** ·
>
>   堆积褶并不是服装本身所具有的，而是因为服装被人体支撑起来，受重力影响产生的。

悬荡褶

　　悬荡褶与堆积褶类似，都是布料受到人体支撑和重力的相互影响而产生的。悬荡褶通常有两个定点，且褶皱产生于定点的下方。服装越宽松，悬荡褶的褶皱就越多，褶皱线条的曲直变化也越丰富。

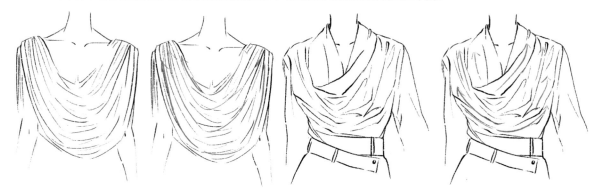

悬垂褶

　　悬垂褶与悬荡褶类似，都是悬挂的布料受到重力的作用而产生的向下延伸的褶皱。服装越宽松，产生的褶皱就越多。面料的悬垂性越强，产生的褶皱越明显，如丝绸和雪纺等。

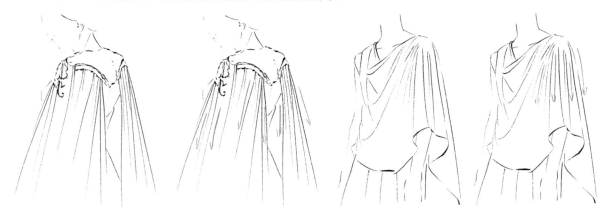

● **人体运动形成的褶皱**

挤压褶

　　四肢在运动弯曲时，通常会造成挤压褶。褶皱的方向从弯曲的凹陷处向四周散开，典型的挤压褶常出现在弯曲时的手臂内侧和膝盖后侧。

拉伸褶

　　拉伸褶与挤压褶相反，拉伸褶一般出现在服装被拉伸的部位。拉伸褶沿着拉伸的方向延伸，是面料受到外力拉扯而形成的褶皱，通常出现在手臂抬起时的腋下部位、人体走动时的胯部和裤腿被拉伸的位置。

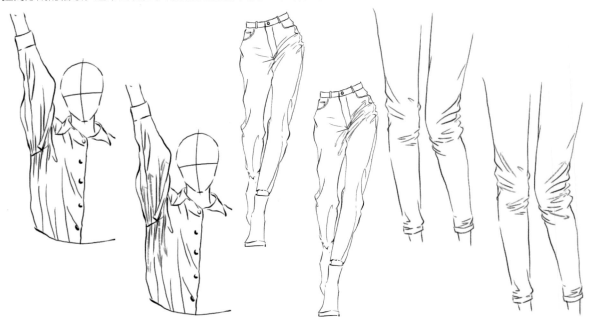

扭转褶

　　扭转褶通常是两个人体部位朝着不同方向扭动而形成的褶皱。人在走动时，胸腔与盆腔做出相反方向的扭转，布料会因此受到不同方向的牵扯而在腰部形成扭转褶。

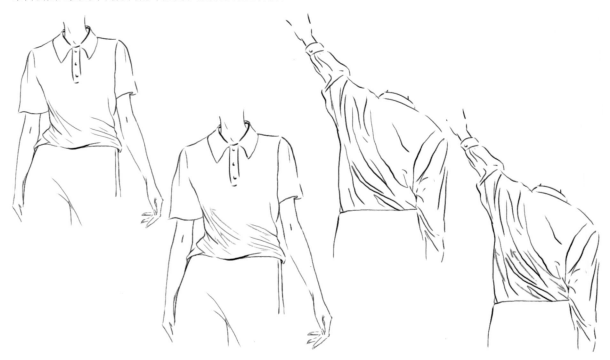

- **服装工艺形成的褶皱**

缠裹褶

　　缠裹褶是对布料进行缠裹，用于服装造型的褶皱。褶皱的方向根据缠裹的方向和方式的变化而不同。通常会进行缠裹设计的是较软的面料。由于面料的柔软程度和贴身程度不同，褶皱也会随着人体曲线的起伏而产生变化。

系扎褶

　　系扎褶是用绳带将原本宽松的服装系扎起来而产生的褶皱。系扎褶通常呈放射状，面料越柔软宽松，形成的褶皱就越密集。在绘制比较细碎的褶皱时，我们要善于归纳、注意取舍，避免画得过于凌乱。

缩褶

缩褶产生的原理和系扎褶相似，不同的是缩褶对系扎绳带的位置进行了固定。可以将缩褶制作成抽绳的形式，也可以通过热压定型的方式将缩褶制作成有规律的叠压褶。

CHAPTER

04

第 4 章

飘逸薄纱
类材质的
绘制技法

4.1 材质表现分析及绘前注意事项

第 4 章主要讲解飘逸薄纱类材质的绘制技法。在表现飘逸薄纱类材质时，我们需要注意以下几点。

第一点：要表现出轻薄和半透明的视觉感受。

由于飘逸薄纱类材质具有半透明的特点，会将人体的轮廓和皮肤的颜色显现出来，因此在起形时，需要将人体的局部刻画完整。对于纱料堆叠产生的叠透效果，可以通过色彩饱和度和笔触轻重的变化来表现。

第二点：要注意纱质面料的软硬变化。

在绘制柔软的纱质面料时，因其与人体比较贴合，可多用曲线等较软的线条进行表现；在绘制硬质的纱质面料时，因其塑形性强，可用直线等较硬的线条进行概括。

第三点：要表现出飘逸性的视觉感受。

由于纱质面料具有轻盈的特点，因此其悬垂性不强。在绘制时，要着重体现其飘逸的形态。可用快速、灵动的笔触，并结合近实远虚的绘制手法进行表现。

第四点：要表现出色彩的虚实变化。

尽管纱质面料本身具有固有色，但在绘制时要先铺一层浅色的底，然后用更深的颜色叠加在暗部和面料的堆叠处。当绘制只有一层面料且被人体支撑起来的部分时，要注意让纱质面料下面的颜色透出来，并适当留白，以表现出纱的通透性。

第五点：要注意肌理感的表现。

纱质面料表面的肌理主要呈条纹状和网眼状，可用较细的笔触进行表现，也可用拓印的方法印出来。在绘制时，要注意纹理的方向应随着面料的弯曲程度和折叠效果发生变化。面料的表面越光滑，其亮部的反光就越明显。

第六点：要注意图案的变化。

纱质面料的图案通常分为印花和刺绣两种。在绘制印花图案时，要根据纱质面料的形态进行渲染；在绘制刺绣图案时，要注意用褶皱来体现面料产生的悬坠感。

4.2 卷边渐变纱裙——扫笔渐变法

绘制要点

本例绘制的是一款卷边渐变纱裙。在绘制这类质地较硬的材质时，宜选择硬笔触，采用弧线进行表现。这类面料所形成的褶皱和凹陷处会有僵硬和尖锐的形状，明暗面的过渡比较柔和，宜采用扫笔法表现渐变效果，同时注意突出高光部位和卷边的结构。

工具

自动铅笔、康颂马克笔专用纸、尺子、橡皮、针管笔、彩色针管笔、彩色铅笔、COPIC马克笔和樱花高光笔。

色卡展示

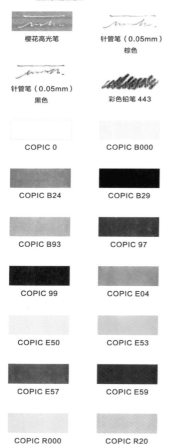

樱花高光笔	针管笔（0.05mm）棕色
针管笔（0.05mm）黑色	彩色铅笔 443
COPIC 0	COPIC B000
COPIC B24	COPIC B29
COPIC B93	COPIC 97
COPIC 99	COPIC E04
COPIC E50	COPIC E53
COPIC E57	COPIC E59
COPIC R000	COPIC R20
COPIC R85	COPIC YR04

4.2.1 技法说明

　　扫笔法是一种常用的技法，通过对力度的把控将不同深浅色调的笔触叠加起来，使画面产生丰富的色彩。运用这种笔触会使画面的过渡清晰自然，能很好地突出颜色的对比效果。由于马克笔的混色效果一般，只能通过简单的叠加或晕染的方式进行调和，因此要绘制出过渡自然且比较细腻的效果，就要对笔触进行把控。下面主要介绍 3 种扫笔法。

- **渐变法**

　　先扫一层较浅的颜色，注意运笔要流畅，待快画完时将笔提起，然后用深色叠加。用同样的方法，进行多次叠加。注意，每次叠加的面积都要比前一次叠加的面积小。

- **叠色法**

　　先铺一层底色，注意颜色不能太深，然后用另一种颜色叠加，使下方的颜色自然地透出来。在绘制纱质材质时可以运用此技法。

- **接色法**

　　先扫一层颜色，然后用另一支笔从相反的方向扫回来，这样两种颜色就会自然地融合在一起，并形成另一种颜色。

4.2.2 绘制步骤

step 01 给人体起形。先用铅笔起稿，绘制出基本的人体动态和大致的裙子轮廓。在绘制这类气质型的裙装时，可以适当地拉长人物下半身的比例，但注意保持人体的重心稳定且落在右腿上。

step 02 勾勒细节。在人体的基础上绘制出具体的五官，先用线条概括出头发的轮廓，然后用自然的弧线绘制出卷曲的裙边，通过铅笔稿表现出硬质纱的质感。

> **·提示·**
>
> 暗部的产生通常分两种情况：一是人体本身的结构产生的明暗关系，二是服装和人体之间相互遮挡产生的投影。

step 03 勾勒线稿。用软橡皮擦淡铅笔线稿，然后用针管笔（0.05mm）棕色 勾勒出人体的轮廓、五官和头发，接着用彩色铅笔443 勾勒出裙子的轮廓，待整理好卷边的关系后，再将铅笔线稿彻底擦除，确保画面的整洁和干净。

step 04 绘制皮肤。用 COPIC R000 以平涂的方式绘制皮肤，包括面部、颈部和腿部的皮肤。然后根据面部结构和肌肉骨骼线条，用 COPIC R20 强调眉弓下方、鼻头、鼻底、颧骨下方、唇底和下巴底部的立体感，以及被头发遮挡产生的暗部，再加深头部下方、锁骨、手臂内侧、手心和腿部的暗部。

step *05* 刻画五官。用 COPIC 0 [   ] 以晕染的方式绘制暗部，使皮肤的颜色过渡自然，然后用 COPIC E04 [   ] 加深人体的暗部，接着用 COPIC E59 [   ] 绘制眉毛，并用 COPIC E57 [   ] 绘制眼球，再用 COPIC R85 [   ] 绘制嘴唇，最后用 COPIC B000 绘制眼白部分。

· 提示 ·

绘制完面部之后，可以对整体进行观察，以便及时查漏补缺。这里补上了人物的耳朵。

step *06* 完成五官。用 COPIC 0 [   ] 对画面进行调整，然后用针管笔（0.05mm）黑色 勾勒上眼线、瞳孔和嘴角，再用樱花高光笔 点在瞳孔和下唇的高光位置。

· 提示 ·

在晕染的过程中，通常会把线条的颜色减淡，此时可以再用勾线笔勾勒一下脸部的轮廓、鼻孔和眼线等。

· 提示 ·

在绘制头发时，要遵循由浅到深的原则，面积逐渐减小。颜色最深的地方，面积最小。卷发拱起的部分通常是亮部，凹进去的部分是暗部。

· 提示 ·

在绘制头发时，要观察头发的层次，一组一组地进行绘制。

step *07* 绘制头发。用 COPIC E50 以平涂的方式绘制头发的底色，然后用 COPIC E53 [   ] 沿着发丝的走向绘制出有起伏变化的卷发，并将高光部位留出来。

step *08* 勾勒发丝。用 COPIC E57 [   ] 加深头发的暗部、卷发的凹陷处和颈部后方等位置，然后用 COPIC E59 [   ] 勾勒发丝。

step 09 绘制服装。用 COPIC R20 [ ] 在胸前和手臂被服装遮挡住的部位加一些颜色，然后用 COPIC B000 [ ] 绘制裙子的底色，接着用 COPIC B93 [ ] 通过扫笔法分别从腰部往卷边处扫、从卷边处往腰部扫，以形成自然的接色效果，注意笔触和面料的走向要一致，最后用轻松的线条描一遍卷边的轮廓。

· 提示 ·

在绘制能露出肤色的纱质部分时，用色要浅，可运用前面提到的叠色法，表现出纱的透明特性。

step 11 描绘纹理。用 COPIC B99 [ ] 通过扫笔法沿着面料的走向绘制出服装面料的纵向压褶，注意线条的疏密和粗细要保持一致，然后用 COPIC B29 [ ] 加深腰带两侧的暗部和裙摆的暗部。

step 10 逐渐叠加。用 COPIC B97 [ ] 通过扫笔法沿着面料的走向绘制出服装的暗部和面料最深处的颜色，然后描绘出腰带的结构，注意使整体的颜色过渡自然，再用同一支笔将卷边的暗部勾勒一遍。

step *12* 调整轮廓。用COPIC B000 以晕染的方式绘制裙子，使之过渡更自然，然后用COPIC B93 通过按压笔头绘制裙子的卷边，此处可以将线条画得随意一些。

step *13* 完成服装。用樱花高光笔 绘制出纱的高光纵向纹理，注意根据面料的走线方向让裙子的立体感更强。可以用以点连线的方式绘制，而不一定都要用线条绘制，这样会使画面更活泼一些。

step *14* 调整修饰。对画面的右边进行虚化处理，同时在左边加一些背景色。用 COPIC B24 和 COPIC YR04 绘制出背景和模特下方的阴影。

4.3 拼接吊带礼服裙——聚线成面法

绘制要点

本例绘制的是一款由带亮片的薄纱拼接而成的吊带礼服裙。在绘制时，要体现出服装贴身、透和闪的特点。该服装虽然是淡紫色的，但在表现暗部时，可以采用蓝色。用多种浅淡的颜色表现单色的服装，可以让画面的颜色更丰富。

工具

自动铅笔、康颂马克笔专用纸、尺子、橡皮、针管笔、彩色针管笔、COPIC 马克笔和樱花高光笔。

色卡展示

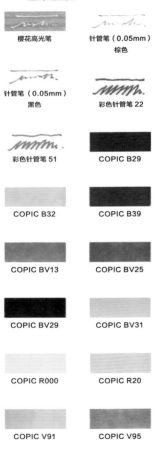

樱花高光笔	针管笔（0.05mm）棕色
针管笔（0.05mm）黑色	彩色针管笔 22
彩色针管笔 51	COPIC B29
COPIC B32	COPIC B39
COPIC BV13	COPIC BV25
COPIC BV29	COPIC BV31
COPIC R000	COPIC R20
COPIC V91	COPIC V95
COPIC Y08	

4.3.1 技法说明

聚线成面法是指通过点连成线，再通过线组成面的方法。"点"经过有序的排列和组合，可以连成"线"。使用不同力度，可以展现出不同的聚点形态。"线"通过有序的排列和组合，又可以形成"面"。由于马克笔的特殊性，不容易将颜色铺得很均匀，即交接的地方很容易形成印记，因此可以利用马克笔的笔头，通过扫笔法和转笔法等对笔触的形状和排列方式进行恰当的整合，营造出想要的画面效果。利用马克笔的软头并立起绘制，可以让画面有连点成线的效果。

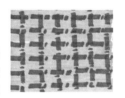

4.3.2 绘制步骤

step 01 给人体起形。用铅笔起稿，绘制出模特的走姿动态，通过肩、腰和臀的关系将这一姿态表现得更加灵活，注意人体的重心和手臂摆动的状态。

· 提示 ·

由于该款裙子比较贴身，因此可以加大人体的扭动幅度，并且有意识地拉长下半身的比例，这样画面效果会更好。

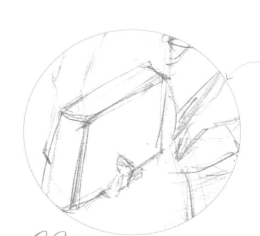

step 02 勾勒细节。用铅笔继续绘制，在人体的基础上描绘出具体的五官，用线条概括出头发的轮廓和暗部。注意手包的透视关系和"片状"的裙子，以及贴身的服装与人体的起伏变化。

· 提示 ·

在绘制人体时，可以通过突出腰部的纤细和臀部的丰润来增强对比，从而更好地展现服装的特点。

step *03* 勾勒线稿。用软橡皮擦淡铅笔线稿，然后用针管笔（0.05mm）棕色 勾勒五官，接着用针管笔（0.05mm）黑色 勾勒服装的轮廓和头发。注意，在勾勒服装的轮廓时，起笔和落笔的力度可以大一些。

> **·提示·**
>
> 服装为淡紫色，因此不宜选择太过鲜艳或暗沉的颜色进行上色，否则容易让人忽略服装款式的特点。

step *04* 绘制皮肤。用COPIC R000 以平涂的方式绘制出整体皮肤，包括脸颊、颈部、手臂和腿脚的位置，注意不要忘了服装镂空部位的皮肤。根据面部结构和肌肉骨骼线条，用COPIC R20 强调眉弓下方、眼窝、鼻头、鼻底、颧骨下方、唇底和下巴底部，增强五官的立体感并绘制出被头发遮挡而产生的阴影，然后用COPIC V91 绘制锁骨、手臂外侧、手心、脚背的暗部和因人体被服装遮挡而产生的阴影。

step *05* 刻画五官。用彩色针管笔51 绘制眼球，然后用彩色针管笔22 绘制唇部和手指甲，接着用针管笔（0.05mm）棕色 绘制内眼角、双眼皮褶和眉毛，再用针管笔（0.05mm）黑色 描绘上眼线、瞳孔、眉头、眉峰和唇缝，并在嘴角上方点一颗痣，最后用樱花高光笔 点在瞳孔和下唇的高光位置。

> **·提示·**
>
> 绘制五官通常可分为3个步骤：首先绘制明暗关系；其次根据服装风格配上相应的妆容，包括瞳孔颜色、眼影和唇色等；最后用勾线笔和高光笔进行调整和补充。

step *06* 绘制头发。用COPIC BV31 绘制头发的底色，注意卷发发型的转折关系，并在高光部位留白，然后用COPIC BV25 加深头发的暗部，注意在高光部位勾勒几根发丝。

step 07 完成头发。用 COPIC BV29 ■■ 进一步强调头发的暗部，并勾勒遮挡面部的发丝，使头发的层次感更强。用 COPIC V91 ■■ 描绘服装比较透的部位，如胸部、髋部和前伸的腿，然后为手包、肩头装饰和鞋子上色。

step 08 绘制裙子。用 COPIC V95 ■■ 为裙子的暗部、腰部两侧、大腿、鞋袜和肩头装饰上色。注意，笔触不能太平均，要适当留白，使画面有透气感。

·提示·
适当留白可以让画面具有透气感，不显得呆板和沉重。

·提示·
为服装上色时，要用马克笔的方头将线条有序排列，即可形成有色彩变化的面。

step 09 叠加颜色。用 COPIC BV13 ■■ 再次加深暗部，保证能看到前腿的大致轮廓，接着在胯部顶起的部分适当留白，表现出一定的层次感，然后用 COPIC B32 ■■ 选择性地填充白色的部分，让画面更柔和。

step 10 描绘纹理。用 COPIC BV13 ■■ 强调手包的暗部，然后用马克笔的软头绘制鞋袜，注意明暗的变化。接着用少量的 COPIC B39 ■■ 点在裙子的暗部，包括腰部、弯曲的右腿处和手包的顶面，再用 COPIC B29 ■■ 加深肩头装饰的颜色。

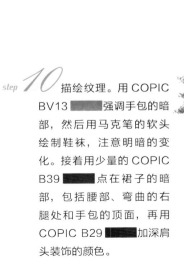

邮
电

step *11* 调整修饰。用彩色针管笔22 在袜子上画点，然后用 COPIC B39 在手包和袜子上画点，以得到亮片的效果。接着用樱花高光笔 提亮肩头装饰处的亮部，再为服装上的亮片添加高光，营造面料的闪光感。

·提示·

在使用高光笔画点时，要选择深色的部位，这样才能营造出闪光的感觉。

step *12* 添加背景。用 COPIC Y08 以扫笔法绘制背景和脚下的阴影。黄色和紫色的对比很强烈，可以有效地烘托人物，增强画面的感染力。

4.4 刺绣亮片纱裙——虚实结合法

绘制要点

本例绘制的是一款由带亮片的不同纱质面料拼接而成的刺绣纱裙。裙子上的繁花装饰运用了刺绣和缝合亮片等工艺，而绣线和金属的点缀使纱质面料产生一定的垂坠感。注意，要用褶皱的方向与形状的变化来表现这种特点。在绘制时，裙子上的装饰是重点，但若对整条裙子上的装饰都进行细化，就会给人一种沉重感。因此可以对两侧及后方飘起的裙摆进行虚化处理，以营造一种浪漫的氛围。

工具

自动铅笔、康颂马克笔专用纸、尺子、橡皮、针管笔、彩色针管笔、彩色铅笔、COPIC 马克笔和樱花高光笔。

色卡展示

樱花高光笔	针管笔（0.05mm）棕色	针管笔（0.05mm）黑色	彩色针管笔 22	彩色针管笔 51
彩色铅笔 421	彩色铅笔 483	彩色铅笔 492	COPIC 0	COPIC B000
COPIC B00	COPIC B05	COPIC B60	COPIC B63	COPIC BV02
COPIC BV29	Copic BV000	COPIC E41	COPIC E47	COPIC E53
COPIC G21	COPIC G99	COPIC R000	COPIC R00	
COPIC R05	COPIC R17	COPIC R20	COPIC R27	
COPIC R29	COPIC R85	COPIC RV34	COPIC V05	
COPIC V12	COPIC V91	COPIC V95	COPIC Y15	
COPIC Y21	COPIC YR04			

4.4.1 技法说明

在绘画时，实代表写实，即深入刻画对象；虚就是虚化，即对象的轮廓或细节并不明确，通过延伸，给人留下想象的空间。运用虚实结合法可以突出主体，引导观者将视线停留在写实的、想让其细看的地方，对虚化的地方展开丰富的想象。在运用虚实结合法时，要注意整体色彩的协调，以增加画面的趣味性。

4.4.2 绘制步骤

step 01 给人体起形。用铅笔起稿，由于手臂是完全裸露的，因此要仔细描绘肌肉的线条。下方的长裙遮住了腿部，只需把裙子的轮廓画出来；同时要描绘出裙子的褶皱，表现出裙子的造型。绘制人物的五官，然后绘制披散的头发，注意对耳后的头发要表现出聚拢感。

> **·提示·**
>
> 本例绘制的这款裙子的面料质感偏硬，因此裙摆不会太飘逸，下方的褶皱为纵向的。

step 02 勾勒线稿。用针管笔（0.05mm）棕色 勾勒出发型、五官和人体的轮廓。在绘制阴影和结构转折处时，下笔可以重一些，表现出人体的立体感。用橡皮将铅笔线稿擦干净，注意不要擦掉裙子的轮廓。

step *03* 绘制皮肤。用 COPIC R000 以平涂的方式绘制皮肤，包括面部、颈部和腿脚处所有裸露的部位，然后用 COPIC R00 着重表现眉弓、鼻头、鼻底、眼窝、唇底和颧骨侧面等部位，接着绘制颈部、锁骨、手臂内侧和裙子搭在胸前所形成的暗部，再用 COPIC R20 强调眼窝和腮红等暗部，通过晕染的方式让肤色的过渡更自然。

step *04* 刻画五官。用彩色针管笔 51 绘制瞳孔，然后用 COPIC R17 绘制眼影和嘴唇，注意不要涂到眼睑上，可以在下唇适当留白。接着用 COPIC E47 绘制眉毛，注意眉尾要细，眉头不要太重，再用彩色铅笔 421 绘制腮红，并轻扫面部的暗部。

step *05* 修饰五官。用针管笔（0.05mm）棕色 勾勒几根眉毛，表现出眉毛的质感，然后加重面部和五官的轮廓。接着用针管笔（0.05mm）黑色 描绘上眼线和下眼尾，并勾勒几根睫毛，给瞳孔着上黑色，再用彩色铅笔 483 在抹有腮红的部位点出雀斑，注意雀斑大小和轻重的变化，最后用樱花高光笔 点在笔头、瞳孔和下唇的高光位置。

step *06* 绘制头发。用 COPIC E41 以平涂的方式绘制头发的底色，然后用 COPIC E53 沿发丝的走向绘制出头发的层次，在头顶高光的部分适当留白。

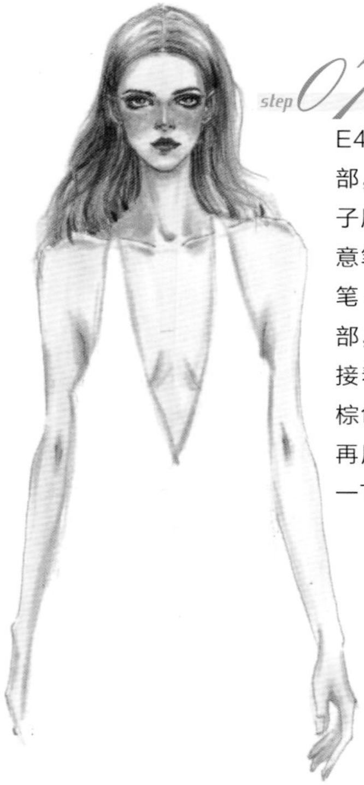

step 07 完成头发。用 COPIC E47 加深头发的暗部，包括耳后归拢处的、脖子后方和肩膀等部分的，注意笔触要细，然后用彩色铅笔 492 加深头发的暗部，使头发的颜色过渡自然。接着用针管笔（0.05mm）棕色 绘制一些发丝，再用樱花高光笔 轻扫一下高光部分。

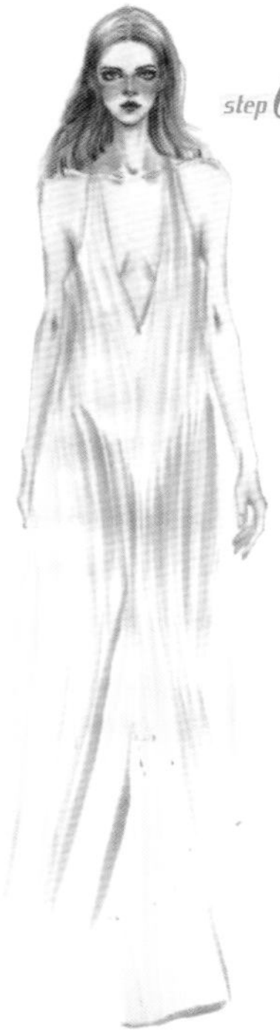

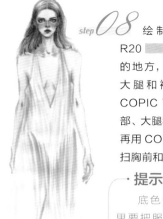

step 08 绘制服装。用 COPIC R20 绘制透出肤色的地方，并为肩带、腰部、大腿和裙摆上色，然后用 COPIC V91 加重腰部、大腿和膝盖下方的褶皱，再用 COPIC B000 轻扫胸前和大腿两侧的暗部。

·提示·

底色的绘制很重要，在这里要把服装的层次、褶皱关系和明暗关系表现出来。在铺色时，要有整体意识，在裙摆两侧飘起的部位适当留白，并进行虚化处理。

·提示·

在铺底色时，要用马克笔的软头进行适当的晕染，注意颜色的过渡要自然。

step 09 加深底色。用 COPIC BV02 轻扫暗部，包括腰部两侧、大腿内侧和弯曲的膝盖下方，然后用 COPIC BV000 以晕染的方式绘制暗部，并对画面进行调整。接着用 COPIC B00 以晕染的方式绘制浅蓝色的部位，再用 COPIC 0 对整个底色进行晕染，在增强对比的同时，增强人体的立体感和服装的层次感。最后用 COPIC V95 勾勒服装的边缘线，如胸前、腰部两侧和腿部的褶皱，展现服装的结构。

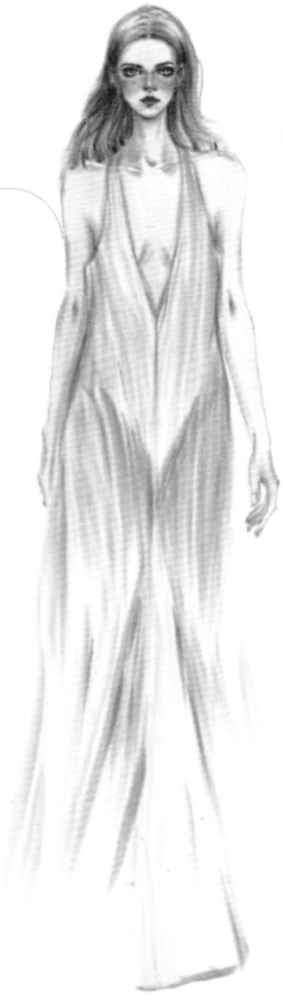

step 10 绘制花朵。用 COPIC R27 绘制红色花朵的底色，并用 COPIC R29 以扫笔法绘制出刺绣的质感，然后用 COPIC B00 绘制蓝色花朵的底色，并用 COPIC B05 以扫笔法绘制出刺绣的质感。接着用 COPIC V12 绘制胸前花朵和裙摆下方花朵的底色，并用 COPIC V05 绘制花心及指甲。再用 COPIC RV34 绘制其余花朵的底色，并用 COPIC R85 绘制花心。

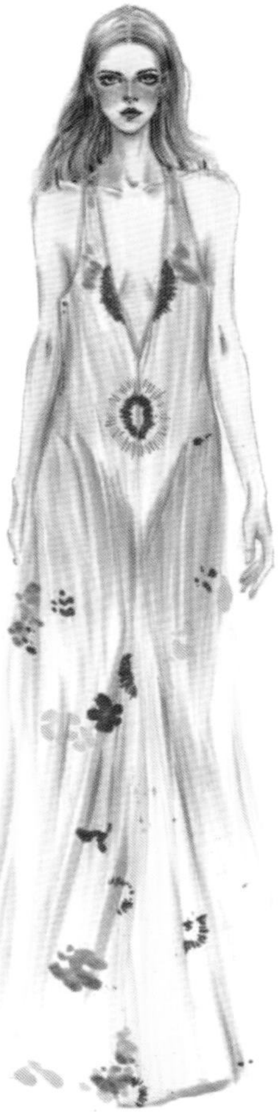

·提示·

在绘制花朵时，要根据服装的转折变化和明暗变化进行调整，以表现出花朵的前后遮挡关系。

step **11** 用 COPIC Y21 ▨ 绘制黄色花朵的底色，然后用 COPIC Y15 ▨ 绘制花心。接着用 COPIC YR 04 ▨ 绘制橙色花朵的底色，再用 COPIC R05 ▨ 绘制花心。

> **·提示·**
>
> 在绘制亮片时，可以采用笔尖进行表现，点的大小和位置则可以随机一些。

step **12** 绘制花茎。用 COPIC G21 ▨ 绘制花茎，然后为胸前和臀部的黑色花朵打底。接着用 COPIC G99 ▨ 加深臀部和膝盖处的花茎以及左边的黑色小花，可以适当拉长裙摆上花茎的长度，再用 COPIC G21 ▨ 以扫笔法绘制裙摆下方黄绿色的部位。

> **·提示·**
>
> 在绘制花茎时，要用细的笔触进行表现，注意线条要柔顺一些。

step **13** 绘制亮片。用 COPIC BV29 ■ 加深胸前、臀部的黑色小花和大朵刺绣花的花心，然后用彩色针管笔 22 ▨ 对花茎进行点缀。接着用 COPIC B60 ▨ 、COPIC B63 ▨ 和 COPIC B000 ▨ 以点的形式绘制腰部两侧、腿部和裙摆上的亮片。

· 提示 ·

从整体来看，画面左侧的视
觉效果要比右侧的视觉效果强一
些。尤其是对右下方的裙摆进行
了虚化处理，在突出重点的同时，
还能给人留下想象的空间。

step **14** 修饰细节。用樱花高光笔 ▰▰ 在亮片
和胸前黑色小花上点一些点，并勾勒服装的
结构和褶皱，增强服装的造型和立体感，
然后绘制耳坠。接着用针管笔（0.05mm）
黑色 ▰▰ 点在钻石的位置，再用 COPIC
RV34 ▰▰、COPIC R85 ▰▰ 和
COPIC G99 ▰▰ 以扫笔法绘制出裙摆下
方的边缘线，笔触可以随意一些。

step **15** 调整画面。用 COPIC V91 ▰▰ 以晕染的方式对
整个画面进行调整，可以将画面左侧的手臂、腰部和大
腿下方的颜色加深一些，以增强对比。

4.5 抹胸硬网纱裙——借纱画纱法

绘制要点

本例绘制的是一款硬网纱质抹胸裙。网状纱质材质通常较硬，在绘制时，适合用直线和折线等比较硬的线条来表现。由于本例中的纱裙是单色的，因此要利用明度变化和少许的冷暖变化来加强色彩的对比。一方面可以加大明度的对比，另一方面可以寻求色彩的细微变化，如面料固有色、亮部光源色和暗部环境色等，让画面更加细腻和丰富。

工具

自动铅笔、康颂马克笔专用纸、尺子、橡皮、秀丽笔（M）、针管笔、彩色针管笔、彩色铅笔、COPIC 马克笔、樱花高光笔和网眼纱布。

色卡展示

樱花高光笔

针管笔（0.05mm）
棕色

针管笔（0.05mm）
黑色

秀丽笔（M）黑色

彩色针管笔 78

彩色铅笔 492

COPIC 100

COPIC B63

COPIC C-5

COPIC E04

COPIC E50

COPIC E53

COPIC E57

COPIC R000

COPIC R00

COPIC R20

COPIC R46

4.5.1 技法说明

借纱画纱法即"模印法"，是以实物形状和纹理为模，用拓印或压印的方法将绘制出来的效果转移到纸面上。硬质的网状纱通常塑形性强，透气性强，会给人一种若隐若现的朦胧感，因此可以采用借纱画纱法来表现。将一块纱布铺在纸面上，根据面料的走向，在纱面上以扫笔法进行绘制，可以自然地把网状纹理印在纸面上。在绘制暗部时，可以进行多次扫笔；在绘制亮部时，可以轻扫以体现纱的朦胧感。采用这种方式绘制，不仅能表现出纱的质感，而且会使画面更加有趣和多变。

4.5.2 绘制步骤

step 01 给人体起形。用铅笔绘制草稿，注意人物动态、比例关系和服装的整体廓形，然后绘制出具体的五官、发型和服装的褶皱线。

step 02 勾勒线稿。用软橡皮擦淡线稿，然后用针管笔（0.05mm）棕色 ▢▢▢ 勾勒出人体的轮廓、五官和头发，在绘制转折处时可以加大力度，描绘出飘起的发丝，接着用针管笔（0.05mm）黑色 ▢▢▢ 勾勒出裙子的轮廓和褶皱线，在绘制暗部时也可以加大力度。

step 03 绘制皮肤。用 COPIC R000 ▢▢▢ 对皮肤进行铺色，包括面部、颈部和手臂等位置，然后根据面部结构和肌肉转折的关系绘制暗部。接着用 COPIC R00 ▢▢▢ 强调眉弓下方、鼻头、鼻底、颧骨下方、唇底和下巴底部等部位，强调五官的立体感，再绘制头部下方、锁骨和手臂内侧的暗部。注意，颜色的过渡要柔和。

step *04* 刻画五官。用 COPIC R20 ▨▨▨ 加深暗部，然后用 COPIC E04 ▨▨▨ 强调眼窝、鼻梁和服装在人体上产生的阴影，并用 COPIC E57 ▨▨▨ 描绘眉毛。接着用彩色针管笔 78 ▨▨▨ 绘制瞳孔，用 COPIC R46 ▨▨▨ 绘制眼影，并根据唇部的转折变化进行上色，强调唇中缝的投影。用针管笔（0.05mm）黑色 ▨▨▨ 描绘眼线、瞳孔、睫毛和唇部，继续用针管笔（0.05mm）棕色 ▨▨▨ 描绘被晕淡的线条，最后用樱花高光笔 ▨▨▨ 点在瞳孔和下唇的高光位置。

step *05* 绘制头发。用 COPIC E50 ▨▨▨ 为头发上色，在头顶的位置适当留白，然后用 COPIC E53 ▨▨▨ 加深发际线和耳朵上方头发的颜色。接着用 COPIC E57 ▨▨▨ 再次加深头发的暗部，再用彩色铅笔 492 ▨▨▨ 刻画发丝的走向，表现出头发的立体感。

step *06* 绘制纱裙。将纱布铺在需要上色的地方，用 COPIC 100 ▨▨▨ 以扫笔的方式为纱裙上色，注意在颜色重的地方起笔。

*step*07 叠加颜色。这一步仍旧用借纱画纱法进行绘制。将纱布铺在需要上色的地方，用 COPIC C-5 ▨ 继续叠加纱裙的暗部，并绘制胸前立体的装饰部位，注意要适当留白，让画面有透气感。在加深裙摆下方时，还是用 COPIC C-5 ▨ 进行上色，越向下笔触越轻直至消失，然后用 COPIC 100 ▨ 勾勒服装的线条，注意运笔方向，尤其是在勾勒裙摆的轮廓时，要随着褶皱方向让线条有粗细和虚实的变化。

· 提示 ·

在刻画单色的裙子时，为了突出亮部，可用灰色表现暗部，并在亮部适当留白，以突出对比。

*step*09 绘制背景。用 COPIC B63 ▨ 绘制纵向排线，制作出背景，笔触可以轻松随意一些，然后对整个画面进行调整。

· 提示 ·

在浅色背景的衬托下，人物显得更加立体，既为画面增加了变化，又不会削弱人物的主体地位。同时服装上的留白也减轻了单色给人带来的单调感，更好地体现出纱质面料的质感。

*step*08 调整修饰。用秀丽笔（M）黑色 ～～ 勾勒人物和服装，表现出人物及服装的结构，注意线条粗细变化要与光影效果相结合，然后用樱花高光笔 ▱ 描绘裙摆和结构线，展示服装的结构特点。

· 提示 ·

在勾勒服装的结构线时，要有选择性地进行，这样才会有虚实的变化，从而更好地表现出纱质的朦胧感。如果有些地方的颜色铺得太深，可以用樱花高光笔进行调整，趁颜料没干时，用手指抹开，以减淡局部的颜色。

CHAPTER
05

第 5 章

光滑绸缎
类材质的
绘制技法

5.1 材质表现分析及绘前注意事项

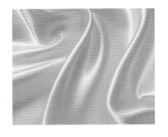

第 5 章主要讲解光滑绸缎类材质的绘制技法。在表现光滑绸缎类材质时，我们需要注意以下几点。

第一点：要表现出薄的视觉感受。

绸缎面料比较薄，因此在绘制时，要注意人体轮廓的起伏变化，不宜用太粗的笔触进行表现。

第二点：要表现出柔软的视觉感受。

绸缎面料比较柔软，因此需要通过大量的褶皱进行表现。褶皱转折圆润，多以曲线绘制。

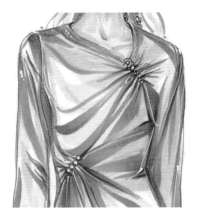

第三点：要表现出垂坠的视觉感受。

绸缎面料的悬垂性很好，需要用长而流畅的线条来表现。在绘制时，要注意对褶皱的归纳和梳理。

第四点：要表现出色泽明亮的感觉。

因为绸缎面料的色彩简洁、通透，所以宜用较清透的颜色来表现。

第五点：要表现出光滑的质感。

因为绸缎面料的表面比较光滑，所以要通过强烈的明暗对比来表现，并强调人体转折处的明暗交界线。

第六点：要注意图案的变化。

在绘制图案时，要注意根据面料的起伏对其形状和色彩进行调整，宜用较细的笔触进行表现。

5.2 绸缎休闲连衣裙
——扫笔接色法

扫 码 看 视 频

绘制要点

本例绘制的是一款腰部有绑带设计的绸缎休闲连衣裙。大面积高光的运用很好地体现了绸缎的质感。在绘制时，注意肩膀的节点定位，并且褶皱的大方向应从绑带向四周发散。手提包与服装的材质相同，均是绸缎面料。在绘制手提包时，可通过明暗关系的塑造来体现其立体感。

工具

自动铅笔、康颂马克笔专用纸、尺子、橡皮、针管笔、彩色针管笔、秀丽笔、COPIC 马克笔和樱花高光笔。

色卡展示

樱花高光笔	针管笔（0.05mm）黑色	针管笔（0.05mm）棕色
秀丽笔（M）棕色	COPIC 100	COPIC B32
COPIC E31	COPIC E33	COPIC R000
COPIC R00	COPIC R11	COPIC R14
COPIC R22	COPIC R27	COPIC R35

5.2.1 技法说明

扫笔接色法是指通过扫笔法对不同方向的线条进行融合。这种技法使笔触过渡自然，并且通过对力度的把控能将明暗关系表现出来，可以很好地体现有强烈明暗对比关系的绸缎质感。

5.2.2 绘制步骤

step 01 给人体起形。用铅笔起稿，绘制出模特的动态，并在此基础上绘制出五官、发型、服装和手提包的轮廓。注意对腰部捆绑的蝴蝶结的表现。

step 02 勾勒线稿。用针管笔（0.05mm）棕色 勾勒面部和身体的轮廓，然后用秀丽笔（M）棕色 勾勒服装以外的轮廓、褶皱起伏和手提包。注意，线条要有相应的变化。

· 提示 ·

在勾勒线条时，要注意粗细和虚实的变化。

· 提示 ·

趁眼线还没干时，用针管笔（0.05mm）棕色 绘制睫毛。

step 03 绘制皮肤。用COPIC R000 以平涂的方式绘制皮肤，包括面部、手臂、腰部和腿脚的位置，然后根据面部结构，用COPIC R00 叠加在眼窝、鼻底、双颊和脸与颈部的交界处，并且要强调腰部、手臂和腿部的暗部。

step 04 刻画五官。用COPIC B32 绘制眼球，然后用COPIC R11 绘制眼影，并用COPIC E33 绘制眉毛。接着用COPIC R14 绘制嘴唇和指甲。将面部绘制好之后，用针管笔（0.05mm）棕色 再次勾勒眉毛和五官，并用针管笔（0.05mm）黑色 勾勒眉毛和瞳孔。最后用樱花高光笔 点在瞳孔、唇部和鼻子的高光位置。

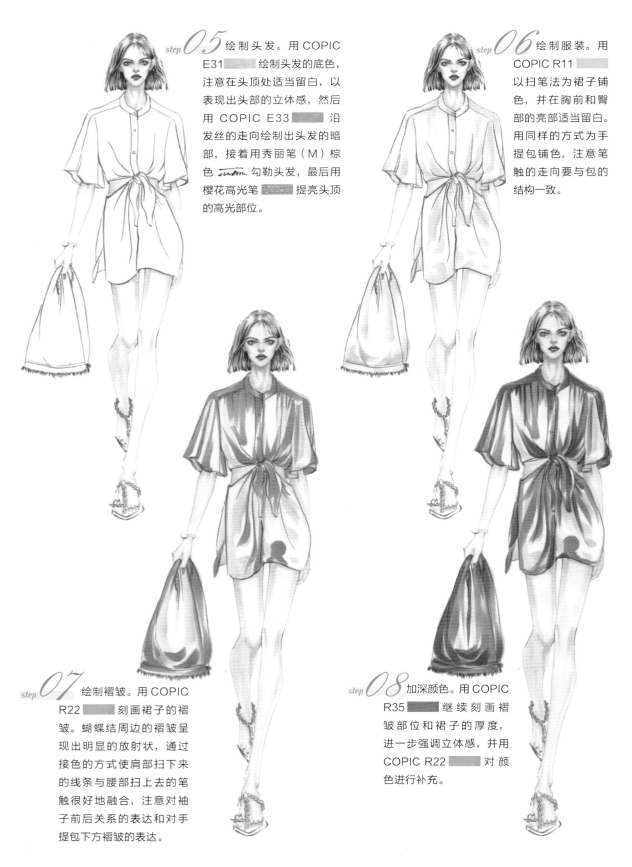

step *05* 绘制头发。用 COPIC E31 绘制头发的底色，注意在头顶处适当留白，以表现出头部的立体感，然后用 COPIC E33 沿发丝的走向绘制出头发的暗部，接着用秀丽笔（M）棕色 勾勒头发，最后用樱花高光笔 提亮头顶的高光部位。

step *06* 绘制服装。用 COPIC R11 以扫笔法为裙子铺色，并在胸前和臀部的亮部适当留白。用同样的方式为手提包铺色，注意笔触的走向要与包的结构一致。

step *07* 绘制褶皱。用 COPIC R22 刻画裙子的褶皱。蝴蝶结周边的褶皱呈现出明显的放射状，通过接色的方式使肩部扫下来的线条与腰部扫上去的笔触很好地融合，注意对袖子前后关系的表达和对手提包下方褶皱的表达。

step *08* 加深颜色。用 COPIC R35 继续刻画褶皱部位和裙子的厚度，进一步强调立体感，并用 COPIC R22 对颜色进行补充。

step 09 勾勒高光。对画面进行调整，补充领口的珍珠装饰，然后用樱花高光笔 绘制出裙子和手提包的褶皱，要表现出马克笔轻快的特点。通过力度的变化对高光的线条进行粗细的调整。

step 10 绘制配饰。用 COPIC E31 和 COPIC E33 绘制配饰，然后用 COPIC E33 和 COPIC 100 绘制鞋底，接着用 COPIC R22 和 COPIC R27 给鞋子的编织绑带上色，再用樱花高光笔 对配饰的高光进行提亮处理。

step 11 添加背景。画面整体为红色，颜色较暖，体现了服装的活力感。用 COPIC B32 勾勒人体的轮廓，让画面的颜色有冷暖的对比，这样可以突出主体，增强立体感。

5.3 花边装饰绸缎裙——软头转笔法

绘制要点

本例绘制的是一款复古风的花边装饰绸缎裙。裙摆和袖口的花边装饰使整体服装极具动感，胸前的蕾丝装饰、黑色排扣和泡泡袖也为服装增添了华丽感。在绘制时，需要灵活控制笔触，既要有表现面料质感的大笔触，也要有表现花边波浪形的小笔触，还要有表现胸前蕾丝的细碎笔触，以体现画面丰富的层次感和韵律感。

工具

自动铅笔、康颂马克笔专用纸、尺子、橡皮、针管笔、秀丽笔、COPIC 马克笔和樱花高光笔。

色卡展示

樱花高光笔	针管笔（0.05mm）棕色
针管笔（0.05mm）黑色	秀丽笔（M）棕色
COPIC 100	COPIC B63
COPIC C-3	COPIC C-5
COPIC E04	COPIC E11
COPIC E15	COPIC E18
COPIC G14	COPIC R000
COPIC R00	COPIC R11
COPIC R22	COPIC R81
COPIC R85	COPIC Y21

5.3.1 技法说明

软头转笔法是指通过对马克笔软头的力度和方向的控制，采用扭转笔头的方式绘制"波浪线"。在绘制一些特殊纹理或者立体装饰时（如花边等）可以运用此技法。这样既能很好地展示时装样式，又能利用流畅有趣的线条和笔触为画面增添趣味性和艺术性。

5.3.2 绘制步骤

step 01 绘制草稿。用铅笔绘制出模特的动态和五官，注意人体的重心线从锁骨的中心点落在支撑身体重量的右腿上。在动态的基础上，绘制出发型和服装的大致轮廓。

step 03 绘制皮肤。先用 COPIC R000 ▬▬▬ 以平涂的方式绘制出脸部、手部和腿部的底色，然后用 COPIC R00 ▬▬▬ 在眉弓下方、鼻底面、额头侧面和颧骨下方叠加阴影，增强五官的立体感，并且强调手部和腿部的暗部。

step 02 勾勒线稿。用针管笔（0.05mm）棕色 ▬▬▬ 对模特的面部、手部和腿部的轮廓进行勾勒，然后用秀丽笔（M）棕色 *Luxun* 勾勒出头发、服装轮廓和褶皱，可以用粗一些的线条对花边进行勾勒，表现出层叠的阴影。待画面的颜料干后，用橡皮擦除铅笔线稿。

· 提示 ·

在绘制头发时，要对头发的边缘进行弱化处理，不必勾勒轮廓。

step *04* 绘制五官。用 COPIC R11 ▨ 加深面部的暗部，尤其是眼窝的部分，然后用 COPIC G14 ▨ 绘制眼球，接着用 COPIC R22 ▨ 绘制唇部，并以晕染的方式绘制眼影和眉骨下方的暗部，再用针管笔（0.05mm）棕色 ▨ 强调五官的轮廓，最后用针管笔（0.05mm）黑色 ▨ 勾勒眼线。

step *05* 修饰五官。用针管笔（0.05mm）黑 ▨ 强调唇中缝，然后用樱花高光笔 ▨ 点在上眼窝的高光处，再提亮眼头、瞳孔、鼻梁和下唇等部位。

> · 提示 ·
>
> 在绘制特殊的妆容时，可将眉毛画得淡一些，让妆面显得更加清透。同时，可以在面部的高光部位加一些细腻的闪粉。

step *06* 绘制头发。用 COPIC Y21 ▨ 以扭转笔头的方式绘制头发上最浅的部分，然后用 COPIC E11 ▨ 绘制波浪线，接着用 COPIC E15 ▨ 和 COPIC E18 ▨ 叠加在耳朵下方的位置，再用樱花高光笔 ▨ 提亮头发的颜色。

> · 提示 ·
>
> 越靠近面部和耳下的位置，头发的颜色越深。头顶的颜色比较浅，可以适当留出高光部位。

step *07* 绘制花边。用 COPIC R11 ▨ 对胸前蕾丝部位进行铺色，并用 COPIC R81 ▨ 以轻扫的方式绘制结构线的边缘，然后用 COPIC R85 ▨ 以软头转笔和提压的方式绘制袖子和腿部的纵向花边，再以软头扫笔的方式绘制横向花边，接着用 COPIC B63 ▨ 绘制服装的外轮廓，让颜色更醒目。

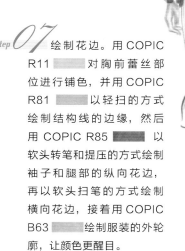

> · 提示 ·
>
> 越是光滑的面料，高光就越多。在绘制单色的服装时要注意两点：一是要加大明度的对比，二是要寻求色彩的细微变化。

step 08 叠加暗部。用 COPIC R81 为整个裙子铺色，并用 COPIC R85 绘制胸前蕾丝部位的结构线和裙子上的褶皱，然后用 COPIC E04 绘制阴影，尤其是堆叠的花边的阴影。

step 09 绘制配饰。用 COPIC C-5 和 COPIC 100 为腰带和鞋子上色，注意不要涂黑高光部位。

step 10 绘制蕾丝。在绘制好底色的基础上，用樱花高光笔画圈，注意线条的疏密变化。

step 11 整体修饰。用樱花高光笔 ▭ 提亮腰带、鞋子、裙子褶皱和花边等位置，使画面的层次更丰富、颜色更亮。

· 提示 ·

在绘制时，要注意裙子的固有色、亮部的光源色和暗部的环境色之间的关系，以更好地塑造服装的立体感。

step 12 添加背景。在绘制单色的服装时，可以添加背景，使画面更加饱满和完整。用COPIC C-5 ▭ 绘制脚下的阴影，然后用COPIC C-3 ▭ 绘制背景。背景的灰色与人物的粉色形成冷暖对比，既为画面增添了变化，又不会削弱人物的主体地位。

5.4 简约绸缎连衣裙——软头提压法

扫 码 看 视 频

绘制要点

本例绘制的是一款简约的绸缎连衣裙。裙子的造型简约、轮廓柔和，但肩部、胸部和臀部的缩褶设计给其增加了亮点。在绘制时要注意，虽然这款连衣裙不是完全修身的，但是由于绸缎面料的柔软性，会在连衣裙的包裹下将女性的身体曲线明显地展现出来，尤其是左侧抬起的髋部。另外，右侧的开衩设计对裙摆造型的影响较大，使腿部裸露较多。

工具

自动铅笔、康颂马克笔专用纸、尺子、橡皮、针管笔、秀丽笔、COPIC 马克笔和樱花高光笔。

色卡展示

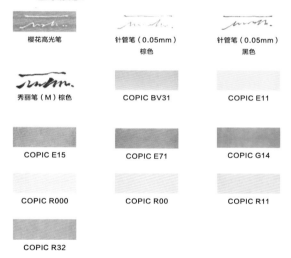

樱花高光笔	针管笔（0.05mm）棕色	针管笔（0.05mm）黑色
秀丽笔（M）棕色	COPIC BV31	COPIC E11
COPIC E15	COPIC E71	COPIC G14
COPIC R000	COPIC R00	COPIC R11
COPIC R32		

5.4.1 技法说明

软头提压法是利用马克笔软头的特殊性，通过控制运笔的力度来决定笔头与纸张接触面积的大小，绘制出自然且有粗细变化的线条。软头提压法与软头扫笔法类似，不过扫笔时的力度是从小到大的，尾部的线条逐渐收尖结束；而软头提压法在没有收笔时可以通过"压—提—压—提"的方式绘制出有粗细变化的线条。

5.4.2 绘制步骤

step 01 给人体起形。用铅笔绘制线稿，保证基本的比例关系和人体动态的准确性。注意缩褶部位的褶皱和大腿上裙摆的垂落造型。

step 02 勾勒线稿。用针管笔（0.05mm）棕色 ▦ 勾勒出发型、五官和人体的轮廓，然后用秀丽笔（M）棕色 ▦ 勾勒出服装。在绘制阴影和结构转折处时，下笔可以重一些，以表现出人体的立体感。注意线条要连贯、柔顺，表现出绸缎的平滑感。

step 03 绘制皮肤。用COPIC R000 ▦ 以平涂的方式绘制皮肤，包括面部、颈部和腿脚等所有裸露的部位，然后用COPIC R00 ▦ 着重表现眉弓、鼻头、鼻底、眼窝、唇底和颧骨侧面等部位，接着绘制颈部、锁骨和裙子搭在大腿上产生的阴影，再用COPIC R11 ▦ 强调鼻头、眼窝和腮红的暗部，通过晕染的方式让肤色的过渡更自然。

step 04 刻画五官。用COPIC G14 ▦ 绘制瞳孔，并用COPIC R32 ▦ 绘制眼影和嘴唇，可以将下唇画得稍微轻一些，然后用COPIC E15 ▦ 绘制眉毛，要将眉尾画得细一些，并且不要将眉头画得太重。接着用针管笔（0.05mm）棕色 ▦ 将五官的轮廓勾勒得更加明确，并用针管笔（0.05mm）黑色 ▦ 勾勒眼线、睫毛和瞳孔，再用樱花高光笔 ▦ 在瞳孔、鼻梁和下唇点出高光，最后用秀丽笔（M）棕色 ▦ 绘制耳饰的轮廓。

step 05 绘制头发。先用 COPIC E11 ▱ 绘制头发的底色，注意在头发分缝线的位置适当留白，然后用 COPIC E15 ▱ 沿着发丝的走向绘制出暗部，包括额头两侧、头顶拱起发型的凹陷处和脖子两侧耳饰的后方等，接着用秀丽笔（M）棕色 ✒ 绘制出两侧的珍珠耳饰，再用樱花高光笔 ▱ 在饰品上点出高光。

step 06 绘制服装。用 COPIC E11 ▱ 沿着服装褶皱的走向进行上色，注意笔触要有粗细变化，不要将底色涂满，要适当留白。

・提示・

　　该服装整体颜色较为简单，在绘制时要保持笔触的干净利索，即保持笔触的一致性。

step 07 叠加颜色。用 COPIC E15 ▱ 通过软头提压法进行颜色的叠加。在绘制缩褶部位时，要注意笔触的变化；在绘制暗部时，可以多叠加几次颜色。

step 08 调整颜色。用 COPIC E11 ▱ 绘制连衣裙，使连衣裙明暗面的过渡自然，然后用 COPIC BV31 ▱ 为鞋上色，接着用 COPIC E15 ▱ 为脚踝上的饰品上色，再用 COPIC R11 ▱ 调整肤色的暗部，尤其是裙摆投影处和脚部的暗部。

step 09 调整画面。用 COPIC E15 █████ 为鞋的暗部
上色，然后用秀丽笔（M）棕色 *ノ乚ノ乚ノ* 加深服装暗部
的轮廓，接着用樱花高光笔 █████ 以线条的形式绘
制出服装的高光部分，表现出绸缎的光泽感，并且
在服装饰品上点出高光。

step 10 添加背景。由于该服装
的颜色比较单一，因此添加
背景能够更好地烘托主体。
用 COPIC BV31 █████ 和
COPIC E71 █████ 铺背景
色，以纵向的线条表示背景，
画面左侧的线条较密、右侧
的线条较疏，层次感更丰富。

5.5 挂脖大裙摆礼服——软头渲染法

扫 码 看 视 频

绘制要点

　　本例绘制的是一款挂脖设计的大裙摆礼服。优美的褶皱很好地体现了绸缎面料的质感，上半身较贴合人体，下半身则宽大蓬松，因此要将绘制重点放在对材质的表达上。缩褶的设计使礼服具有较明确的褶皱走向，因此在绘制时要使笔触的走向与褶皱保持一致。

工具

　　自动铅笔、康颂马克笔专用纸、尺子、橡皮、针管笔、秀丽笔、COPIC 马克笔和樱花高光笔。

色卡展示

樱花高光笔	针管笔（0.05mm）棕色
针管笔（0.05mm）黑色	秀丽笔（M）黑色
COPIC 100	COPIC B000
COPIC B00	COPIC B29
COPIC B32	COPIC B93
COPIC BG10	COPIC BG23
COPIC BG49	COPIC C-3
COPIC C-5	COPIC C-7
COPIC E15	COPIC G000
COPIC R000	COPIC R00
COPIC R11	COPIC R14
COPIC R20	COPIC Y000
COPIC Y00	COPIC Y28

5.5.1 技法说明

软头渲染法是指用多层次的笔触来表现所画对象的色彩和明暗变化。使用马克笔进行渲染，可以将颜色融合得更加自然。趁马克笔笔头未干时，要立即接上另一种颜色。如果在接色时没有控制好力度，也可以用无色的马克笔进行二次晕染。

5.5.2 绘制步骤

step 01 用铅笔起稿。绘制出基本的人体比例，由于看不出下半部分的人体结构，因此直接绘制服装即可。注意，挂脖部位的褶皱方向为纵向，腰部束腰绑带的褶皱方向为横向，裙摆上的褶皱则随着裙摆的弧度变化而变化，最下方裙摆的边缘由于透视关系呈弧形。

step 02 勾勒线稿。用针管笔（0.05mm）棕色勾勒出人体的轮廓、五官、头发和手臂，在绘制转折处时可以加大力度，然后用秀丽笔（M）黑色通过较硬的线条勾勒出裙子的轮廓和褶皱线，接着绘制耳环和鞋，在绘制暗部时也可加大力度。

step 03 绘制皮肤。用 COPIC R000 绘制面部、颈部和手臂的皮肤，然后根据面部的结构和肌肉的转折绘制暗部，接着用 COPIC R00 强调眉弓下方、鼻头、鼻底、颧骨下方、唇底、下巴底部和耳朵等部位，增强五官的立体感，之后再绘制额头的暗部，最后绘制头部下方、锁骨和手臂凹陷处的暗部。注意，颜色的过渡要柔和。

step *04* 刻画五官。用 COPIC R20 加深暗部，并强调眼窝、鼻梁和服装在人体上产生的阴影。然后用 COPIC R14 和 COPIC R20 绘制唇部，并强调唇中缝的投影，接着用 COPIC E15 绘制眉毛和瞳孔，并用 COPIC B000 在内眼角和眉骨的位置点一些颜色作为亮部。再用针管笔（0.05mm）黑色 描绘眼线、瞳孔和睫毛，并用针管笔（0.05mm）棕色 勾勒眉毛、睫毛和五官的结构。最后用樱花高光笔 绘制瞳孔、鼻梁和下唇的高光部位。

step *05* 绘制头发。用 COPIC C-3 绘制头发的底色，并在分缝线的位置适当留白，然后用 COPIC C-5 沿着发丝的走向强调头发的暗部，表现出发型的利落感。接着用 COPIC C-7 绘制头发的暗部，包括分缝线的两旁、耳朵的两侧和颈部的后方，再用樱花高光笔 提亮高光部位。注意无须画过多的高光，以免破坏头发整体的层次感。

·提示·

该服装整体的颜色较为清爽，因此在绘制时要保持笔触的干净利索。

step *06* 绘制底色。用 COPIC R000 以纵向扫笔的方式绘制裙子的红色部位，并用 COPIC R11 绘制红色部位的褶皱，然后用 COPIC G000 轻扫裙子的绿色部位，接着用 COPIC Y000 轻扫裙子的黄色部位，再用 COPIC B000 绘制裙子的蓝色部位。

step *07* 叠加颜色。用 COPIC R11 加深裙子的红色部位，然后用 COPIC BG10 叠加裙子的绿色部位，并用 COPIC BG23 强调绿色部位的颜色，接着用 COPIC Y28 绘制腰部和胸部绑带位置的颜色，再用 COPIC Y00 加深服装的黄色部位，最后用 COPIC B00 和 COPIC B32 加深裙子的蓝色部位。

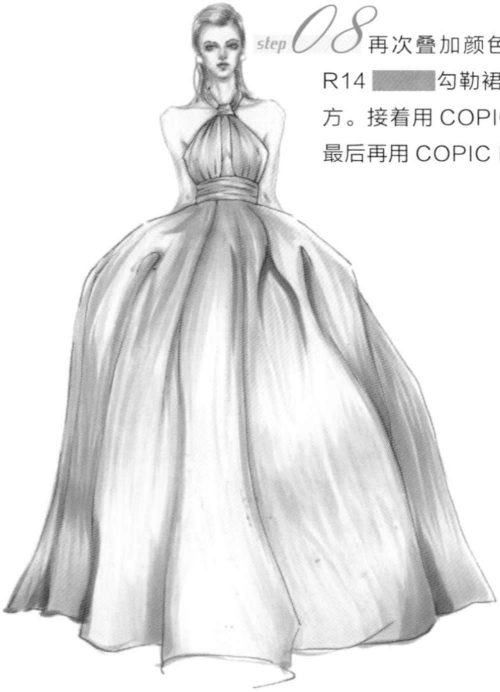

step 08 再次叠加颜色。用 COPIC R11 叠加裙子的红色部位，然后用 COPIC R14 勾勒裙子红色的褶皱部位，注意褶皱主要集中在裙摆下方的两侧和腰部下方。接着用 COPIC BG23 加深裙子的蓝色和绿色部位，并强调褶皱的颜色。最后再用 COPIC B93 叠加裙子的蓝色部位。

step 09 调整修饰。用 COPIC BG49 强调裙子绿色部位的暗部，并用 COPIC B29 强调裙子的蓝色部位，尤其是腰部两侧、裙摆下边和褶皱处，然后对整体颜色进行晕染，使各色块之间的过渡更自然，再用 COPIC C-5 绘制裙摆下方的阴影。

·提示·

在绘制时，重点是掌握叠加颜色的方法，使各色块之间的过渡更自然，可以用 COPIC 0 进行晕染，也可以用各色块之间的浅色进行晕染。

step 10 调整画面。用 COPIC BG23 绘制耳环，然后用 COPIC C-5 绘制鞋，并用 COPIC 100 绘制阴影以增强立体感。接着用 COPIC 高光墨水绘制裙子上的高光，再用 COPIC C-3 、COPIC C-5 和 COPIC 100 在人物背后绘制大小不同的点，用来烘托人物。

·提示·

在绘制背景时，笔触以点的形式呈现，人物服装整体以线的形式呈现，点与线相互结合，既烘托了人物，又让画面变得更加完整。

CHAPTER
06

第 6 章

光泽丝绒
类材质的
绘制技法

6.1 材质表现分析及绘前注意事项

第6章主要讲解光泽丝绒类材质的绘制技法。在表现光泽丝绒类材质时，我们需要注意以下几点。

第一点：要表现出薄的视觉感受。

人体轮廓起伏明显，节点定位严格，因此宜用纤细的笔触来表现紧贴人体部分的面料，以更好地展现人体的曲线。

第二点：要注意对丝绒柔软度的表现。

在绘制时，尽量以曲线为主。服装的褶皱较丰富，但不密集，在绘制服装结构的转折处时，尽量不要出现锐利的尖角。在绘制服装平直的部位时，则适合用干净利落的直线或折线来表现。

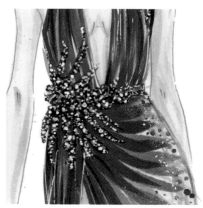

第三点：要表现出悬垂性较好的视觉感受。

因为丝绒类材质的悬垂性较好，所以宜用长而连续的线条来表现，并注意运笔流畅。

第四点：要表现出色泽明亮的视觉感受。

因为丝绒类材质的色彩简洁明亮，所以适合用由浅至深逐渐叠加的技法进行表现。

第五点：要注意对绒毛的表现。

绒毛平行且整齐，故能呈现出丝绒所特有的光泽。在绘制时，注意运笔要简练、轻快、有流动感，并且要强调面料堆积处的明暗交界线。因为高光部位受环境色的影响明显，所以可以用醒目的颜色来表现绒毛的边缘。

第六点：要注意对图案的表现。

在绘制图案时，应根据面料的起伏调整其形状和色彩，且要准确地表现出图案在不同部位的形状、透视和明暗的变化，以增加视觉上的真实感。另外，宜用较细的笔触勾勒图案。

6.2 高领丝绒连衣裙
——软头拉线法

扫码看视频

绘制要点

　　本例绘制的是一款高领丝绒连衣裙。服装款式比较宽松，人体轮廓起伏不明显。但由于丝绒类材质的悬垂性较好，因此会在人体凹陷的部位产生暗部。在绘制时，要注意笔触与材质的纹理方向保持一致，均以纵向的线条为主。在绘制领子时，可用横向的线条绘制出堆积感，并注意对弯曲的左膝所产生的褶皱和暗面的表现。

工具

　　自动铅笔、康颂马克笔专用纸、尺子、橡皮、针管笔、彩色铅笔、COPIC 马克笔和樱花高光笔。

色卡展示

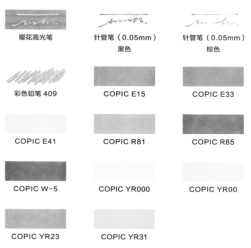

樱花高光笔	针管笔（0.05mm）黑色	针管笔（0.05mm）棕色
彩色铅笔 409	COPIC E15	COPIC E33
COPIC E41	COPIC R81	COPIC R85
COPIC W-5	COPIC YR000	COPIC YR00
COPIC YR23	COPIC YR31	

6.2.1 技法说明

　　软头拉线法指的是通过马克笔的软头进行横向和纵向的长距离排线，使用这一技法要注意对笔触轻重的控制。在绘制时要大胆，使线条的颜色均匀。此技法可用于对服装进行大面积铺色，通过力度的变化表现明暗关系，也可以通过拉线法叠加颜色。在绘制前，要先考虑好线条的起始点和结束点，而不能随意扫笔。

6.2.2 绘制步骤

step 01 绘制草稿。用铅笔绘制出基本的人体动态和服装的整体廓形。在此基础上，绘制出五官、头发、衣服和鞋。注意，要表现出乳突点顶起所产生的褶皱和双腿之间凹陷所产生的褶皱。

step 02 勾勒线稿。用针管笔（0.05mm）棕色 ▭ 勾勒面部、头发、耳饰和鞋的轮廓，然后用软橡皮擦淡服装轮廓的铅笔线稿，再用彩色铅笔 409 ▭ 勾勒服装外轮廓和褶皱线，注意线条要有粗细和虚实的变化。待颜料干后，用橡皮将铅笔线稿擦干净。

> **·提示·**
>
> 在绘制头发时，只需勾勒出发际线。

> **·提示·**
>
> 在绘制皮肤时，要将头发在额头上的投影表现出来。耳朵被头发遮挡，所以颜色较深。

> **·提示·**
>
> 趁黑色眼线还没干，可用针管笔（0.05mm）棕色 ▭ 绘制睫毛。

step 03 绘制皮肤。用 COPIC YR000 以平涂的方式绘制皮肤，然后根据面部结构，用 COPIC YR00 ▭ 叠加眼窝、鼻底、唇底、双颊和脸与颈部的交界处，并强调手部和腿部的暗面。

step 04 刻画五官。用 COPIC W-5 ▭ 绘制眼球和耳饰，然后用 COPIC R81 ▭ 绘制嘴唇和指甲，并轻扫眼影部位，再用 COPIC R85 ▭ 在唇中缝叠加颜色。

step 05 完成头部。用 COPIC E41  绘制头发的底色，注意在头顶处适当留白，然后用 COPIC E33  沿发丝走向绘制出暗部，包括额前和头部两侧，并绘制耳饰。接着用针管笔（0.05mm）棕色  勾勒头发和五官的轮廓，再用针管笔（0.05mm）黑色  勾勒眼球、睫毛和耳环。最后用樱花高光笔  强调头发的亮部，并绘制瞳孔和唇部的高光部分。

· 提示 ·

笔触的走向要与服装纹理的方向保持一致，用纵向的线条来呈现。

step 06 绘制底色。用 COPIC YR31  的软头以拉线的方式为裙子铺色，衣身、袖子的线条为纵向趋势，领子的线条为横向趋势，并在领子上适当留白，然后通过笔触的叠加加深服装的暗部，注意区分出袖子和衣身的结构。

step 07 加深暗部。用 COPIC YR23  以软头提压法绘制服装的暗部，包括领子堆积褶的暗部、肩膀、袖子的悬垂褶、腰部两侧、双腿之间和膝盖弯曲引起的拉伸褶的暗部。

step **08** 绘制绒毛。丝绒面料表面的绒毛平行且整齐，所以能呈现出特有的光泽。用 COPIC YR23 以点画的方式绘制服装的暗部，表现丝绒面料的特点，然后用同一支笔轻扫人物的边缘，使画面不至于太单调。

· 提示 ·

该服装整体的款式和颜色都很简洁，通过对同色系背景的表现，不仅能加强人物的立体感，还能突出单色服装的简洁感。

· 提示 ·

用马克笔的软头绘制较细的线条，可表现服装的结构特点。另外，要注意区分出袖子和衣身的结构。

step **09** 完成服装。用 COPIC E15 对整个画面的颜色进行调整，加深褶皱的暗部，包括领子、袖口和双腿内侧等部位，然后勾勒出服装的造型。

step **10** 调整修饰。用 COPIC YR31 绘制凉鞋的底色，并轻扫脚部，表现肉色丝袜的质感，然后用 COPIC YR23 绘制凉鞋的暗部。接着用 COPIC E15 绘制鞋带，并用针管笔（0.05mm）黑色 勾勒凉鞋的结构，再用樱花高光笔 绘制出暗部绒毛的质感，表现亮片的质感。最后用 COPIC E15 强调服装的轮廓，增强画面的立体感。

6.3 V领束腰连衣裙
——扫笔叠色法

绘制要点

本例绘制的是一款 V 领束腰连衣裙。一条细腰带将原本款式宽松的服装加以收拢，从而在腰部产生丰富的系扎褶。在绘制褶皱时，要能把握住大方向，对褶皱进行取舍与归纳，避免褶皱显得过于凌乱。飘逸的腰带和宽松的裙摆使整套服装极具动感，虽然是单色的服装，但需要通过色彩的明暗和饱和度变化来体现服装的褶皱起伏。

工具

自动铅笔、康颂马克笔专用纸、尺子、橡皮、针管笔、秀丽笔、COPIC 马克笔、樱花高光笔和 COPIC 留白液。

色卡展示

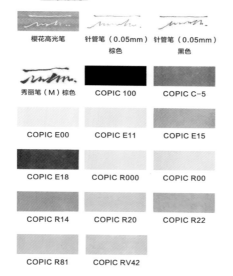

樱花高光笔	针管笔（0.05mm）棕色	针管笔（0.05mm）黑色
秀丽笔（M）棕色	COPIC 100	COPIC C-5
COPIC E00	COPIC E11	COPIC E15
COPIC E18	COPIC R000	COPIC R00
COPIC R14	COPIC R20	COPIC R22
COPIC R81	COPIC RV42	

6.3.1 技法说明

扫笔叠色法指的是通过扫笔法绘制服装的颜色，并通过颜色的叠加来体现服装的明暗关系。在绘制浅色服装时，采用扫笔法能使颜色的过渡更自然，并且笔触更整洁。通过控制用笔的力度，线条会产生宽窄、形状和浓淡的变化。用细而柔弱的线条表现亮部，用粗而重的线条表现暗部。

6.3.2 绘制步骤

step 01 绘制草稿。用铅笔绘制出模特的人体动态和五官位置，注意重心线经过锁骨的中心点落在支撑身体重量的右腿上，手臂前后摆动的方向与腿部相反。在人体动态的基础上，绘制出五官和服装的大致轮廓。由于模特的发型是蓬松的卷发，因此只需概括出头发的外轮廓即可。

step 02 勾勒线稿。用针管笔（0.05mm）棕色▨▨▨ 对画面整体进行勾勒，待颜料干后，用橡皮将铅笔线稿擦淡，然后勾勒头顶的发丝，接着将其余的部分擦淡，以能看清大致的轮廓为宜。

step 03 绘制皮肤。用COPIC R000 ▨▨▨ 绘制皮肤的底色，然后用COPIC R00 ▨▨▨ 绘制眼窝、眉弓下方、鼻底、额头侧面和颧骨下方的阴影，增强五官的立体感，并且强调颈部和手部的暗部，增强人体的立体感。

step 04 绘制五官。用 COPIC R20 ▨▨▨ 加深面部的暗部（尤其是眼窝的部分）制作眼影的效果，然后用 COPIC E15 ▨▨▨ 绘制眼球，并用 COPIC R20 ▨▨▨ 绘制唇部的底色。接着用 COPIC R81 ▨▨▨ 加深唇部的暗部，并以晕染的方式绘制眼影和眉骨下方的暗部。之后用 COPIC E11 ▨▨▨ 描绘眉毛，并用针管笔（0.05mm）棕色 ▨▨▨ 强调五官轮廓，再用针管笔（0.05mm）黑色 ▨▨▨ 勾勒眼线和眉毛。最后用樱花高光笔 ▨▨▨ 绘制瞳孔、鼻梁、唇部和上眼皮的高光部分。

step 05 绘制头发。用 COPIC E00 ▨▨▨ 根据卷发的弧度绘制头发的底色，注意右边的头发在前胸、左边的头发在肩后，然后用 COPIC E11 ▨▨▨ 加深头发的暗部，增强头发的层次感。接着用 COPIC E15 ▨▨▨ 加深头发暗部的颜色，让头发的前后关系更明显，再用针管笔（0.05mm）棕色 ▨▨▨ 勾勒发丝，最后用 COPIC E15 ▨▨▨ 绘制耳饰，并用樱花高光笔 ▨▨▨ 点缀亮部。

· 提示 ·

在表现卷曲和蓬松的头发时，要注意对转折处的处理。头顶是受光部分，因此需要适当留白，并对头发边缘进行虚化处理。

step 06 绘制底色。用 COPIC RV42 ▨▨▨ 的宽头以扫笔法绘制服装的底色，注意运笔的方向和留白的安排。

step 07 绘制暗部。用 COPIC RV42 ▨▨▨ 的软头为裙子着色，表现出绸缎面料的垂坠感，并细化褶皱起伏，表现出褶皱的暗面和投影。

step *08* 加深暗部。用 COPIC R22 以扫笔法加深裙子褶皱的暗部，然后通过转动笔头的方式来表现褶皱的暗部和投影的形状。在运笔的过程中，注意要逐渐减小力度。

step *09* 绘制腰带。用 COPIC R14 加深裙子褶皱的暗部，将笔头立起绘制一些细碎的褶皱及指甲，然后用 COPIC E15 绘制腰带的底色，并用 COPIC E18 绘制腰带上的深色方块，接着用秀丽笔（M）棕色 勾勒腰带，再用 COPIC C-5 和 COPIC 100 绘制黑色内搭，最后用针管笔（0.05mm）黑色 强调服装的结构线。

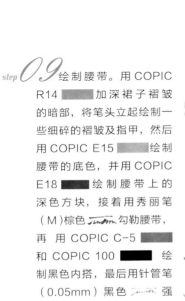

step *10* 调整修饰。用 COPIC 高光墨水通过较细的线条勾勒服装的轮廓和褶皱，然后用较宽的笔触表现服装的亮部，并调整画面整体的明亮关系。

6.4 丝绒挂脖连衣裙
——戳笔干画法

扫 码 看 视 频

绘制要点

本例绘制的是一款深紫色的丝绒挂脖连衣裙。其挂脖和开衩的设计使整套服装极具高雅气质，干净利落的发型、缠裹的设计和繁复水钻的点缀，更为人物增添了几分优雅和高贵。服装的褶皱较丰富，在表现时要注意对细碎褶皱的归纳和整理，并掌握好褶皱方向的变化。

工具

自动铅笔、康颂马克笔专用纸、尺子、橡皮、针管笔、秀丽笔、COPIC 马克笔、樱花高光笔、三菱高光笔、圆头小毛笔和 COPIC 留白液。

色卡展示

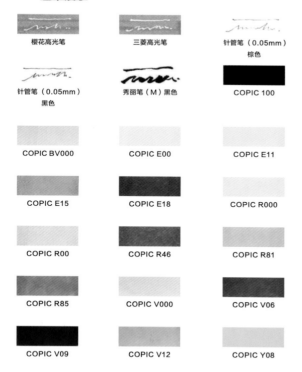

樱花高光笔	三菱高光笔	针管笔（0.05mm）棕色
针管笔（0.05mm）黑色	秀丽笔（M）黑色	COPIC 100
COPIC BV000	COPIC E00	COPIC E11
COPIC E15	COPIC E18	COPIC R000
COPIC R00	COPIC R46	COPIC R81
COPIC R85	COPIC V000	COPIC V06
COPIC V09	COPIC V12	COPIC Y08
COPIC YG67		

6.4.1 技法说明

　　戳笔干画法指的是用画笔蘸上高浓度的颜料，并将画笔立起来，在纸上垂直地戳下去，以形成散状的点，擦出精美的笔触效果。本例先用马克笔绘制服装的底色，然后用小号圆头毛笔蘸取少量的留白液绘制高光，从而形成特殊的笔触效果。

6.4.2 绘制步骤

step 01 给人体起形。用铅笔绘制出模特的走姿和五官。在此基础上，绘制出利落的发型和服装的大致轮廓，并梳理好褶皱的方向。注意，要将抬起的胯部对裙子的影响表现出来。

step 02 勾勒线稿。用针管笔（0.05mm）棕色 ▢ 勾勒出发型、五官、人体和手提包的轮廓，然后用COPIC V12 ▢ 的软头绘制服装的轮廓，并压出胸口和腰部装饰的轮廓。

step 03 绘制皮肤。用COPIC R000 ▢ 以平涂的方式绘制皮肤，然后用COPIC R00 ▢ 着重表现眉弓、鼻头、鼻底、眼窝、唇底、颧骨侧面和额头两侧，并加深颈部和锁骨等部位的暗部，然后绘制出裙子搭在大腿上而产生的阴影。

step *04* 刻画五官。用 COPIC V000 轻扫腮红的部位，注意颜色的过渡要自然，然后用 COPIC YG67 绘制眼球。接着用 COPIC R46 绘制口红，并用 COPIC E15 描绘眉毛，再用针管笔（0.05mm）棕色勾勒出轮廓明确的五官，并用针管笔（0.05mm）黑色勾勒眼线、睫毛和瞳孔，最后用樱花高光笔绘制瞳孔、鼻梁和下唇的高光部分。

step *05* 绘制头发。用 COPIC E00 沿着头发的走向绘制底色，然后用 COPIC E11 绘制头发的暗部，包括头发分缝线、耳朵后方和颈部的两侧，接着用 COPIC E15 强调头发的暗部，最后用针管笔（0.05mm）棕色绘制一些暗部飞散的发丝。

step *06* 绘制服装。用 COPIC V06 的软头沿着裙子褶皱的走向绘制底色，用纵向的线条表现腰部以上及腰部右下侧的位置，用横向的线条表现腰部的位置。由于腰部的左下侧受到胯部的拉伸，因此用横向的线条表现即可。

step *07* 叠加颜色。用 COPIC V09 绘制服装的暗部，需沿着褶皱的走向进行绘制。由于服装是单色的，因此可以设定一个从画面右侧打下来的光源，然后绘制出右侧的高光，并加深左侧的暗部。

step 08 继续叠加。用 COPIC 100 █ 绘制服装的暗部。由于光源在画面右侧，因此黑色主要集中于画面左侧和双腿后方，注意笔触的方向仍与褶皱的方向保持一致。

step 09 绘制手提包。用 COPIC E15 ▨ 绘制手提包的底色，然后用 COPIC E18 █ 强调手提包的暗部，再用秀丽笔（M）黑色 ▱ 进行勾勒，最后用樱花高光笔 ▱ 以点画的方式绘制出反光。

step 10 绘制装饰。用 COPIC 100 █ 的软头绘制出肩部和腰部装饰的轮廓，然后用三菱高光笔 ▱ 以点画的方式绘制水钻的质感，接着用遮盖性更强的留白液再次描绘。待画面干后，用 COPIC Y08 ▨ 和 COPIC R46 ▨ 绘制亮片，并用 COPIC R81 ▨ 和 COPIC R85 ▨ 绘制肩部的羽毛装饰，最后用针管笔（0.05mm）黑色 ▱ 进行勾勒。

step *11* 绘制鞋。用 COPIC BV000 ▨ 绘制
鞋底和鞋带，然后用 COPIC V06 ▨ 绘制
另一种颜色的鞋带，再用樱花高光笔 ▨ 以
点画的方式绘制水钻。

step *12* 调整修饰。用 COPIC V06 ▨ 和 COPIC
V09 ▨ 以点画的方式绘制模特左胯的部位，并
对整体的颜色进行调整和修饰，然后用圆头小毛笔
蘸取少量的留白液，以戳笔干画法绘制模特左胯和
裙摆的高光，最后再用 COPIC BV000 ▨ 简单
地勾勒背景和阴影，使画面更加完整。

6.5 垂坠丝绒外套
——单色晕染法

扫码看视频

绘制要点

本例绘制的是一款 H 型的垂坠丝绒外套，笔挺的样式很好地体现了丝绒的质感。该服装肩部较为修身，因此在绘制时要注意面料随着人体微弱的起伏，以此确定褶皱的走向。同时，明暗关系也需符合人体的结构转折，不能因为服装下半部分宽松就忽视了细节。金银线和宝石饰物对单色的服装进行了点缀，表现出闪亮的视觉效果，也让服装更为完美、抢眼。

工具

自动铅笔、康颂马克笔专用纸、尺子、橡皮、针管笔、秀丽笔、COPIC 马克笔、樱花高光笔和三菱高光笔。

色卡展示

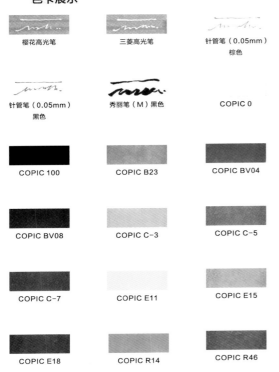

樱花高光笔	三菱高光笔	针管笔（0.05mm）棕色
针管笔（0.05mm）黑色	秀丽笔（M）黑色	COPIC 0
COPIC 100	COPIC B23	COPIC BV04
COPIC BV08	COPIC C-3	COPIC C-5
COPIC C-7	COPIC E11	COPIC E15
COPIC E18	COPIC R14	COPIC R46
COPIC YR23		

6.5.1 技法说明

单色晕染法指的是利用单色马克笔的软头绘制服装的暗部，并通过晕染的方式让明暗面的过渡更自然。在绘制单色服装时，要注意加强颜色的明度对比，让画面具有更强的层次感。

6.5.2 绘制步骤

step 01 绘制草稿。用铅笔绘制出基本的人体动态和五官，然后绘制出服装的整体廓形和鞋。注意，要体现出模特圆眼睛和厚嘴唇的特征。

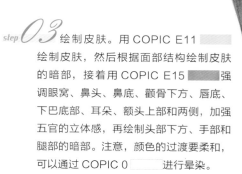

step 02 勾勒线稿。用针管笔（0.05mm）棕色 ___ 勾勒出人体的轮廓、五官和头发，头发可以通过画圈的方式绘制，然后用秀丽笔（M）黑色 ___ 勾勒出服装和鞋的轮廓。由于服装较笔挺，因此不用绘制褶皱，直接用明暗关系表达即可。

step 03 绘制皮肤。用 COPIC E11 ___ 绘制皮肤，然后根据面部结构绘制皮肤的暗部，接着用 COPIC E15 ___ 强调眼窝、鼻头、鼻底、颧骨下方、唇底、下巴底部、耳朵、额头上部和两侧，加强五官的立体感，再绘制头部下方、手部和腿部的暗部。注意，颜色的过渡要柔和，可以通过 COPIC 0 ___ 进行晕染。

step *04* 刻画五官。用 COPIC E18 ▮▮▮▮ 强调皮肤的暗部，在眼窝、鼻梁和脸颊两侧叠加颜色，然后用 COPIC R14 ▮▮▮▮ 绘制唇部，并用 COPIC E15 ▮▮▮▮ 强调唇中缝的投影。接着用 COPIC E18 ▮▮ 绘制眉毛和瞳孔，并用针管笔（0.05mm）黑色 ▮▮▮ 描绘眼线、瞳孔和唇中缝。用针管笔（0.05mm）棕色 ▮▮▮ 勾勒眉毛，并明确其他五官的结构线，再用樱花高光笔 ▮▮▮ 绘制瞳孔、鼻梁和下唇的高光，并绘制额头、脸部和下巴的亮部，趁未干时，用手抹开。最后用 COPIC 100 ▮▮▮ 和 COPIC C-5 ▮▮▮ 以点画的方式绘制头发。

step *05* 绘制服装。用 COPIC BV04 ▮▮▮ 的宽头绘制服装的底色，然后以平涂法绘制丝绒面料，注意运笔要流畅。

step *06* 强调暗部。用 COPIC BV08 ▮▮▮ 的软头以扫笔法绘制服装的暗部，注意对肩部、胸部和胯部这几个节点的表现。

step *07* 绘制装饰。用 COPIC YR23 ▨▨ 绘制耳朵、领子、门襟和袖口的装饰，然后用 COPIC E15 ▨▨ 勾勒条纹。接着用 COPIC R46 ▨▨ 和 COPIC B23 ▨▨ 绘制宝石，再用三菱高光笔 ⌇⌇ 通过连点成线的方式绘制亮片，最后用秀丽笔（M）黑色 ⌇⌇ 绘制装饰的暗部。

step *08* 调整修饰。用樱花高光笔 ⌇⌇ 勾勒服装的亮部，趁未干时沿着褶皱的方向用手抹开，并修补整个画面的细节。接着用 COPIC C-5 ▨▨ 和三菱高光笔 ⌇⌇ 绘制鞋，再用 COPIC C-3 ▨▨、COPIC C-5 ▨▨ 和 COPIC C-7 ▨▨ 绘制模特脚下的阴影。

CHAPTER
07

第 7 章

挺括毛纺
类材质的
绘制技法

7.1 材质表现分析及绘前注意事项

第 7 章主要讲解挺括毛纺类材质的绘制技法。在表现挺括毛纺类材质时，我们需要注意以下几点。

第一点：要表现出厚实的视觉感受。

毛纺类材质厚实，对人体轮廓起伏的表现不明显。在绘制时，要以展现服装的外形轮廓为主。注意绘制到结构转折处时，尽量用圆弧来体现面料的厚度。

第二点：要注意对毛纺类材质硬朗的表现。

毛纺类材质硬朗，整体较平整，衣褶较少，宜用弧线和折线来展现服装挺括的感觉。

第三点：要表现出悬垂性较差的视觉感受。

毛纺类材质的服装悬垂性较差，多以冬装为主，面料在人体上的起伏平缓，常通过大面积的色块来展现服装的起伏弧度，以塑造立体感。

第四点：要表现出色泽柔和的视觉感受。

毛纺面料色彩柔和，可以先以平涂的方式画出大色块来表现明暗关系，再通过较细的笔触来表现其纹理。

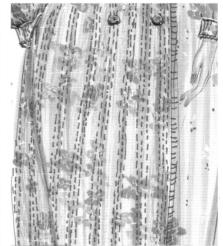

第五点：要注意对毛纺类材质表面粗涩的表现。

毛纺面料表面粗糙，因此没有非常亮的高光。服装整体的明暗关系可以通过大色块的底色来表现，也可以通过虚实的变化来表达，再细化面料的纹理样式。

第六点：要注意对毛纺类材质粗犷图案的表现。

毛纺面料的图案通常就是指其纹理样式，如粗花呢、人字呢和方格呢等。在画面中可以将纹理放大，注意不同部位图案的大小比例不同。

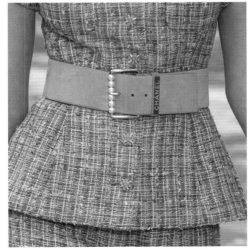

7.2 复古毛纺长外套——规律排线法

绘制要点

本例绘制的是一款复古毛纺长外套。服装运用了大量轻纱、娃娃领和泡泡袖的设计，再搭配上少女范儿十足的凉鞋，让模特仿佛置身于神秘的童话世界。在绘制时，需要注意面料整体的编织纹理为纵向线条。在绘制印花图案时，要先定出重心图案的位置，胸前和袖子上的手绘印花图案是通过大笔触叠压形成的。服装的整体颜色为粉色系，在绘制时要找到其中微妙的层次变化，使用不同的笔触来丰富画面细节。

工具

自动铅笔、软橡皮、硬橡皮、针管笔、彩色针管笔、秀丽笔、康颂马克笔专用纸、COPIC 马克笔和樱花高光笔。

色卡展示

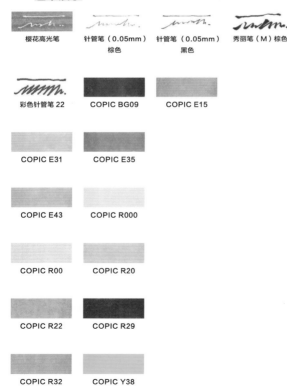

樱花高光笔	针管笔（0.05mm）棕色	针管笔（0.05mm）黑色	秀丽笔（M）棕色
彩色针管笔 22	COPIC BG09	COPIC E15	
COPIC E31	COPIC E35		
COPIC E43	COPIC R000		
COPIC R00	COPIC R20		
COPIC R22	COPIC R29		
COPIC R32	COPIC Y38		
COPIC YG23	COPIC YR07		

7.2.1 技法说明

规律排线法指的是通过改变线段的长短和疏密程度来表现画面的色调及明暗关系。此外，规律排线法还用于绘制一些纹理图案。例如，在表现毛纺面料的纹理时，要用肯定而有力的线条；在表现蕾丝面料的纹理时，要用纤细交错的线条。在绘制时，要注意线条疏密关系的变化，把握好画面的整体关系。线条不宜太过平均，以免显得呆板；变化也不宜过于强烈，以免显得杂乱。

7.2.2 绘制步骤

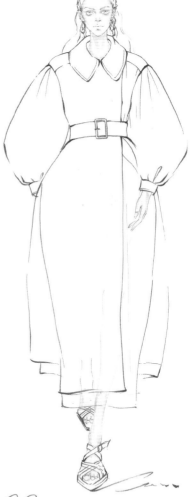

step **01** 给人体起形。用铅笔绘制出人体的结构和动态特征，然后绘制出五官和发型的大致轮廓，接着绘制出服装和配饰。注意，在绘制领口部分时，需体现出面料的厚度。本例中的装服在人体上的起伏展现得并不明显，将重点放在纹理的刻画上即可。

> **· 提示 ·**
>
> 在勾勒线条时，要保持笔触流畅；在绘制暗部时，要加大力度，同时要让线条有粗细和虚实的变化。

step **02** 勾勒线稿。用针管笔（0.05mm）棕色 勾勒出发丝、五官、手部和腿部的轮廓，然后用秀丽笔（M）棕色 勾勒出服装边缘轮廓、褶皱和鞋。注意，要用不同变化的线条来表现不同的材质。在绘制模特左侧的纱质面料时，要将线条画得轻且细一些，待画面干后，用橡皮擦干净铅笔线稿即可。

step **03** 绘制皮肤。用 COPIC R000 绘制皮肤的底色，然后根据面部结构，用 COPIC R00 加深眉弓下方、眼窝、鼻底和唇沟的颜色，接着加深头部在脖子上的投影、袖口在手部的投影和服装在腿部的投影。

step *04* 刻画五官。用 COPIC R20 ▮▮▮ 绘制皮肤的暗部，加重眼窝、鼻底、耳朵、唇底和手脚的暗部，然后用 COPIC BG09 ▮▮▮ 绘制眼球，并用 COPIC R22 ▮▮▮ 绘制嘴唇和指甲。接着用 COPIC E15 ▮▮▮ 绘制眉毛，再用针管笔（0.05mm）棕色 ▮▮▮ 勾勒眉毛和五官的轮廓，并用针管笔（0.05mm）黑色 ▮▮▮ 勾勒眼线、瞳孔和睫毛。最后用樱花高光笔 ▮▮▮ 绘制瞳孔、唇部和鼻子的高光部位。

· 提示 ·

由于本服装为少女风，可以通过晕染的方式自然地绘制出模特的腮红。

step *05* 绘制头发。用 COPIC E31 ▮▮▮ 绘制头发的底色，注意对头顶处和头发凸起的部位可适当留白，以表现出头部的立体感，然后用 COPIC E43 ▮▮▮ 整理出头发的层次，加深头发的暗部，以及耳后、颈部后方和搭在肩膀上的头发的暗部，接着加深发卡和耳饰的投影。

· 提示 ·

在绘制头发时，要保持笔触流畅。在收笔时，要让线条逐渐变细。

step *06* 完成头发。用 COPIC E35 ▮▮▮ 加深头发的暗部，以及颈部后方、耳后、发际线拱起的部位、发卡和耳饰的投影，然后用 COPIC YR07 ▮▮▮ 绘制发卡和耳饰的底色，再用樱花高光笔 ▮▮▮ 以点画的方式绘制配饰的高光部位。

· 提示 ·

在绘制耳朵下方的头发时，要从耳朵处起笔，然后往下扫；在绘制耳朵上方的头发时，要从肩膀处起笔，然后往上扫。这样二者接色的地方就会自然地形成高光面，产生自然的过渡效果。

step *07* 绘制底色。用 COPIC R000 ░░░░ 绘
制服装的底色，然后用 COPIC R20 ░░░░
绘制服装的暗部，接着绘制服装上纵向的
线条，注意领子、肩膀和腰带部位为横向
的线条。可通过变化用笔的力度控制笔触
颜色的深浅，在凸起的地方适当留白，将
袖笼部位的颜色稍微加深。

step *09* 继续添加花朵。用 COPIC
YG23 ░░░░ 以点画的方式绘制
绿色的花朵，然后将笔立起，用
COPIC R20 ░░░░ 绘制细线条，
勾勒出服装上的纵向纹理，再用
COPIC R000 ░░░░ 以晕染的
方式绘制暗部，调整服装整体的
颜色。

· 提示 ·
在绘制纵向线条时，要根
据褶皱的穿插和叠压关系进行
变化，以表现出袖子的凹陷处
和腰部的堆积感。

· 提示 ·
服装上的花朵是以组的方式呈
现的，排布得很规律；每组图案内
部，排列得也很有规律。

step *08* 绘制图案。用 COPIC R20 ░░░░ 绘制
粉色的花瓣，然后用 COPIC Y38 ░░░░ 绘
制橙色的花瓣，再绘制凉鞋。

step *10* 绘制纹理。用彩色针管笔
22 绘制呢料的纹理，以
虚线表示，3 条虚线为一组。在
绘制领子周边的毛边部位时，也
用排线法进行表现。用 COPIC
R32 以点画的方式绘制
粉色花朵和橙色花朵的花心，然
后用 COPIC R20 强调
暗部，特别是腰带扣的暗部。

· 提示 ·

除了在铺底色时会
用到马克笔的软头，在
扫笔时也会用到，主要
用于叠色和晕染。

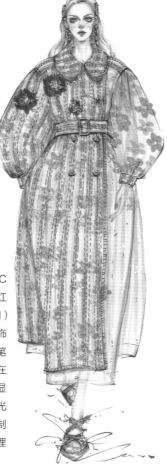

step *11* 调整修饰。用 COPIC
R29 绘制胸前的红
色花朵，然后用秀丽笔（M）
棕色 绘制鞋的装饰
和扣子，接着用彩色针管笔
22 以点画的方式在
纱质部分点缀，避免服装显
得太过单调，再用樱花高光
笔 点缀花心，并绘制
出服装上白色织线的纹理
和鞋上的高光部位。

step *12* 绘制背景。用马克笔以按压的方
式绘制背景，并绘制出飘散的花朵和
地面堆积的花朵，以使人物与背景相
融合。这样更能衬托出复古花园风，
让模特仿佛置身于花丛中。

7.3 千鸟格毛呢套装——放松线圈法

扫码看视频

绘制要点

本例绘制的是一套廓形感很强的千鸟格毛呢套装。由于服装采用粗制呢料的材质制成，因此没有多余的褶皱，且格纹的排列有很强的规律性。在绘制时，注意同一个方向的格子宽窄、粗细和间距要尽量相等，格纹的明暗关系要符合服装整体的明暗变化。

工具

自动铅笔、软橡皮、硬橡皮、针管笔、彩色针管笔、秀丽笔、康颂马克笔专用纸、COPIC 马克笔和樱花高光笔。

色卡展示

樱花高光笔

针管笔（0.05mm）
棕色

针管笔（0.05mm）
黑色

秀丽笔（M）黑色

彩色针管笔 22

彩色针管笔 92

COPIC 100

COPIC C-3

COPIC C-5

COPIC R000

COPIC R00

COPIC R27

COPIC R29

COPIC R81

7.3.1 技法说明

　　放松线圈法指的是在一定范围内，用放松、自由和随意的线条，以画圈的方式进行明暗关系的表达和纹理的绘制。此技法适用于对整个服装的绘制，线圈叠加多、线圈小的部位为暗部；线圈叠加少、线圈大的部位则为亮部。在绘制时，可以借助此技法配合基本的绘画技法来表现服装的材质。

7.3.2 绘制步骤

step 01 绘制线稿。用铅笔绘制出人体动态和服装轮廓。本例中，模特的右手叉腰，臀部向右上方抬起，动态鲜明。在人体的基础上绘制出五官、伞状头饰和服装的大致轮廓，注意对伞的透视和形状的表达。

提示
　　在绘制人体动态明显的服装画时，要先找好动态关系，再表现服装廓形。

提示
　　由于呢料较为厚重，因此整体的线条可以画得粗一些。

step 02 勾勒线稿。用针管笔（0.05mm）棕色　　　勾勒模特的面部和五官，然后用秀丽笔（M）黑色　　　勾勒服装的轮廓、头饰、手套和鞋，可通过改变力度的大小来绘制不同粗细的线条。待画面干后，将铅笔线稿擦除。

step 03 绘制皮肤。用 COPIC R000　　　在脸部平铺一层底色，然后用 COPIC R00　　　在伞状透视的投影处大面积地叠加颜色。

step *04* 绘制五官。用 COPIC R81 ▨▨▨ 加深暗部，包括伞状头饰的投影处、颧骨下方和面部外轮廓等部位，并绘制出眼白的暗部，然后用 COPIC R27 ▨▨▨ 加深五官的暗部，包括眼窝、鼻梁、鼻底、额头和投影处的颧骨，再绘制出大红色的唇部。

step *05* 修饰五官。用 COPIC C-3 ▨▨▨ 绘制眼球，然后用 COPIC R29 ▨▨▨ 绘制唇部的暗部，接着用针管笔（0.05mm）黑色 ▨▨▨ 勾勒眼睛和鼻子，再用樱花高光笔 ▨▨▨ 以点画的方式绘制瞳孔、鼻梁和唇部的高光部位。

step *06* 绘制服装。用 COPIC R81 ▨▨▨ 以纵向的线条绘制服装红线较密集的部位，然后用 COPIC R29 ▨▨▨ 绘制服装的暗部，再对伞状头饰的支架进行着色。

· 提示 ·

本例模特所化的是夸张的舞台艺术妆容，整体的颜色可以重一些。

step *07* 绘制格纹。用铅笔轻轻地勾勒纵向的格纹线条，然后用 COPIC 100 ▨▨▨ 宽头的侧面以连点成线的方式绘制格纹。

step *08* 绘制配饰。用COPIC C-3 沿着手套和鞋的轮廓绘制底色，然后用COPIC 100 ■ 加深手套和鞋的暗部，再绘制黑色的内搭，表现出皮质的高光质感。

step *09* 绘制织线。用COPIC C-3 加深服装的底色，然后用COPIC C-5 ■ 加深领子、手部、上衣的投影和服装的边缘，接着用COPIC R29 ■ 绘制鞋头，再用彩色针管笔22 ～ 和92 ～ 以画线圈的方式绘制纹理。

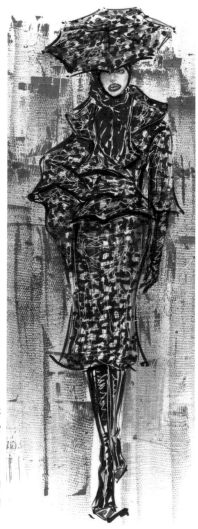

· 提示 ·

在绘制暗部时，可以将线条画得密一些；在绘制亮部时，可以将线条画得疏一些。

step *10* 整体修饰。用COPIC 100 ■ 强调服装的轮廓、结构和暗部，然后强调领子下方、袖口、上衣下方和裙摆下方的投影，接着用樱花高光笔 ～ 以画线圈的方式绘制头饰、服装上的白色线圈纹理，以及手套和鞋的高光部位。

· 提示 ·

本例中，将红色作为背景色，可以增强画面的趣味性，从而使黑色的服装不会显得单调。

step *11* 添加背景。用COPIC R29 ■ 的宽头绘制背景，背景中的笔触较为规律，与人物形成鲜明对比。另外，要注意背景的笔触和人物的笔触相互结合，通过颜色的对比来突出人物。

7.4 格纹毛纺职业装——弹笔排线法

绘制要点

本例绘制的是一款由彩色织线制成的格纹毛纺职业装。由于服装采用较为厚重的呢料制成，因此外形挺括、褶皱较少；同时低饱和度的红色、黄色和蓝色等组成的格纹图案，使服装整体风格清新自然。由于服装上的图案一致，因此可以通过突出亮部的方式来表现服装整体的明暗变化。

工具

自动铅笔、软橡皮、硬橡皮、针管笔、秀丽笔、康颂马克笔专用纸、COPIC 马克笔和樱花高光笔。

色卡展示

樱花高光笔	针管笔（0.05mm）棕色	秀丽笔（M）棕色
COPIC B23	COPIC B93	COPIC BG72
COPIC C-2	COPIC C-3	COPIC E11
COPIC E15	COPIC E18	COPIC G21
COPIC R000	COPIC R00	COPIC R11
COPIC R29	COPIC R81	
COPIC R85	COPIC RV21	
COPIC RV34	COPIC Y08	
COPIC Y11	COPIC YG23	

7.4.1 技法说明

弹笔排线法指的是在一段距离内，通过控制笔尖与纸张之间的距离，使笔在纸上进行弹跳，从而呈现出断断续续的、类似虚线的线条。使用此技法绘制出来的线条更加自由、随意。

7.4.2 绘制步骤

step **01** 给人体起形。用铅笔绘制线稿，因为人体是稍微侧着的，所以要保证基本的比例关系和人体动态是准确的。在此基础上，将服装的款式交代清楚，尤其要注意肩膀和袖子的结构，以及裤子细微的褶皱线。

·提示·

本例中，光源在画面的右侧，绘制时需据此进行整体明暗关系的表达。

step **02** 勾勒线稿。用针管笔（0.05mm）棕色████绘制五官、头发、手部和脚部的线条。因为服装的整体颜色较清新，并且面料的边缘凹凸感强，所以为了更好地表现材质，无须勾勒服装，保留铅笔的线稿即可，之后通过马克笔进行上色，以展现服装的结构。

step **03** 绘制皮肤。用 COPIC R000 ████ 以平涂的方式绘制皮肤，包括面部、颈部、手部和腿脚等所有裸露的部位，然后用 COPIC R00 ████ 着重表现鼻头、鼻底、唇底、颈部、手臂和腿脚等暗部，接着用 COPIC R11 ████ 强调眼镜、头部、首饰、袖子和裤腿的投影，通过晕染的方式使肤色的过渡更自然。

step 04 刻画头部。用COPIC C-2 绘制镜片的颜色，并轻扫暗部，包括额头、下巴和眼睛下方的暗部，然后用COPIC R81 和COPIC R85 绘制唇部，接着用COPIC E11 绘制眉毛，并以按压的方式绘制头发，再用COPIC C-2 、COPIC RV21 、COPIC RV34 以点画的方式绘制耳环，最后用樱花高光笔 绘制眼睛、鼻梁和唇部的高光部位。

step 05 完成头部。用COPIC E11 绘制镜片中物体的颜色，然后用COPIC E15 加深眼镜边框的颜色，接着用COPIC E15 以按压的方式沿着发丝的走向绘制暗部，并用COPIC E18 再次强调头发的暗部，增强头发的层次感，再用COPIC C-2 轻扫头发的亮部，最后用针管笔(0.05mm)棕色 绘制出一些飘散的发丝，营造头发的飘逸感。

step 06 绘制腰带。将铅笔线稿擦淡，然后用COPIC R11 的宽头以平涂的方式绘制腰带的底色，接着用COPIC RV34 的软头以压笔的方式绘制腰带的暗部，并用COPIC C-2 和COPIC C-3 绘制金属扣，再用COPIC C-2 、COPIC C-3 、COPIC R11 和COPIC RV34 绘制放射状的扣子，最后用樱花高光笔 以点画的方式绘制腰带金属扣上的珍珠、高光和扣子上的白色装饰。

· 提示 ·

本例中，服装的颜色较浅，可以通过留白的方式表现亮部。

step 07 绘制格纹。根据人体的轮廓，用铅笔大致绘制出格纹的走向，然后用COPIC R11 和COPIC R81 交错地画出粉色的格纹。注意，要留出铅笔圈出的高光，即右肩、右边口袋、左胸和下摆拱起的部位。

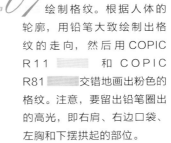

step 08 添加织线。分别用 COPIC B93 ▨、COPIC G21 ▨ 和 COPIC Y11 ▨ 绘制织线。在绘制颜色较多的服装时，要学会找参照色，可以在深粉色线条的下方和右侧加入蓝色线条，然后在浅粉色的下方和右侧加入黄色线条，接着在深粉色和黄色的线条中间加入绿色线条，并留出高光部位。

step 09 调整修饰。用 COPIC RV34 ▨ 强调红色织线的暗部，然后用 COPIC YG23 ▨ 强调绿色织线的暗部，接着用 COPIC Y08 ▨ 强调黄色织线的暗部，再用 COPIC B23 ▨ 强调蓝色织线的暗部，并随意勾勒一下服装的边缘线，留出高光部位，最后用 COPIC C-2 ▨ 轻轻地叠加服装的暗部和结构线。

step 10 绘制手提包。用 COPIC R11 ▨ 绘制手提包的底色，然后用 COPIC R81 ▨ 以揉笔的方式绘制手提包的暗部，并且表现出交叉格纹的纹理，接着用 COPIC RV34 ▨ 以点画的方式绘制手提包毛茸茸的质感，再用 COPIC C-3 ▨ 绘制手提包内侧的暗部，最后用樱花高光笔 ▨ 绘制毛边。

step 11 绘制裙子。用铅线绘制裙子的格纹走向，然后用 COPIC R11 ▨ 和 COPIC R81 ▨ 绘制粉色的格纹，并留出裙子的高光部位。

step **12** 增加格纹。与绘制上衣的方法相同，分别用 COPIC B93 ▓▓▓、COPIC G21 ▓▓▓ 和 COPIC Y11 ▓▓▓ 绘制织线，并留出膝盖的高光部位。

·提示·

在表现手镯的高光部位时，不能完全留白，而要通过比较稀疏的笔触进行表达。

step **13** 完成格纹。用 COPIC RV34 ▓▓▓ 强调红色织线的暗部，然后用 COPIC YG23 ▓▓▓ 强调绿色织线的暗部，接着用 COPIC Y08 ▓▓▓ 强调黄色织线的暗部，再用 COPIC B23 ▓▓▓ 强调蓝色织线的暗部，并随意勾勒一下服装的边缘线，留出高光部位。之后用 COPIC C-2 ▓▓▓ 轻轻地绘制服装的暗部和结构线，最后调整服装整体的颜色。

step **14** 绘制手镯。用秀丽笔（M）棕色 _秀丽_ 勾勒手镯的金属部位，然后用 COPIC R29 ▓▓▓、COPIC Y08 ▓▓▓、COPIC R81 ▓▓▓ 和 COPIC B23 ▓▓▓ 进行着色。

step *15* 绘制鞋。用COPIC C-2 ▨ 绘制
鞋的底色，然后用COPIC C-3 ▨ 勾
勒鞋的轮廓，再用COPIC BG72 ▨
的软头绘制鞋底，并自然地留出高光部位。

step *16* 绘制背景。对画面整体进行调整，用秀丽笔（M）棕色 ✍
选择性地勾勒服装、鞋和手提包的结构线，并绘制出扣子下方的阴
影，然后用樱花高光笔 ▨ 绘制出鞋底的纹路，并勾勒服装的纹理，
再以点画的方式绘制沙子，营造出一种在沙滩上漫步的效果。

7.5 十字纹毛呢大衣——疏密笔触法

扫 码 看 视 频

绘制要点

本例绘制的是一款十字纹毛呢大衣。搭配红色缎面的腰带，服装的整体造型给人一种率性大气的感觉。在绘制时，可用大笔触表现服装的底色，再表现呢料的纹理。注意，不要忽略对细节的刻画，如手提包、耳饰和皮靴等，以提高画面的耐看度。

工具

自动铅笔、软橡皮、硬橡皮、秀丽笔、针管笔、康颂马克笔专用纸、COPIC 马克笔和樱花高光笔。

色卡展示

樱花高光笔

针管笔（0.05mm）
棕色

针管笔（0.05mm）
黑色

秀丽笔（M）黑色

COPIC 100

COPIC BG4

COPIC C-3

COPIC E000

COPIC E00

COPIC E18

COPIC E31

COPIC E35

COPIC E43

COPIC E47

COPIC R11

COPIC R22

COPIC R29

COPIC R59

7.5.1 技法说明

　　疏密笔触法适用于对面料纹理的表现，即通过笔触的样式来体现面料的质感，并通过笔触的疏密来体现服装的明暗关系。通常暗部的笔触较密，亮部的笔触较疏。此技法的缺点是耗时较长，不能很明显地体现出马克笔上色速度快的特点，但可用来刻画局部或面料的质感。

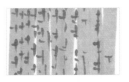

7.5.2 绘制步骤

step 01 给人体起形。用铅笔画出模特正面行走的姿态，在此基础上绘制服饰。本例中，服装的面料挺括、褶皱较少。注意，在展现服装款式的同时，还要表现出服装和人体动态的关系。

step 02 勾勒线稿。用针管笔（0.05mm）棕色  勾勒人体的轮廓、五官和头发，然后勾勒服装和配饰。为了更好地表现服装的面料，可以用棕色来表现，并注意运笔要流畅。

step 03 绘制皮肤。用COPIC E000 以平涂的方式绘制面部、手部和腿部的皮肤，然后用COPIC E00 以晕染的方式绘制眼窝、双颊、鼻子、唇底、人体手部和腿部的暗部。

step **04** 刻画五官。用 COPIC R11 ▨ 强调眼窝、鼻梁和服装在人体上产生的阴影，然后用 COPIC BG49 ▨ 绘制眼球，接着用 COPIC R22 ▨ 绘制唇部和眼影，并用 COPIC E35 ▨ 绘制眉毛，接着用针管笔（0.05mm）黑色 ▨ 描绘眼线、瞳孔和睫毛，再用针管笔（0.05mm）棕色 ▨ 勾勒眉毛和睫毛，并明确其他五官的结构线，最后用樱花高光笔 ▨ 绘制瞳孔、鼻梁和唇部的高光部位。

step **05** 绘制底色。用 COPIC E43 ▨ 的宽头绘制服装的底色，然后用 COPIC E43 ▨ 的软头加深服装的结构线，并强调服装的褶皱和暗部，表现服装的明暗交界线。

· 提示 ·

在铺底色时，可以用平行排线法，根据面料的纹理方向进行运笔。

step **06** 绘制头发。用 COPIC E31 ▨ 绘制头发的底色，注意需在分缝线的位置适当留白，然后用 COPIC E43 ▨ 沿着发丝的走向强调头发的暗部，表现出卷曲和飘逸的发尾，再用 COPIC E35 ▨ 以点画的方式绘制头发的暗部，接着用大小不一的点营造出头发的飘逸感。

· 提示 ·

在绘制发尾卷曲的发丝时，注意笔触要有随意感，且运笔速度要快，不要出现尖角。

step 07 绘制纹理。用 COPIC E35 ▣ 强调服装的结构线和褶皱的暗部，然后用 COPIC E47 ▣ 绘制纵向的线条。如果掌握不好纹理的间距，可以先用铅笔画好辅助线。注意，上半身和腰部的线条较密，以体现出腰部束扎的结构；下半身衣摆处的线条较疏，以体现出膝盖将服装顶起的亮部。

step 08 完成纹理。用 COPIC E47 ▣ 在纵向纹理的基础上绘制横向纹理。将纹理绘制好之后，用 COPIC E43 ▣ 以扫笔的方式对在暗部叠加颜色，以调整服装整体的明暗。

·提示·

通过纹理的疏密来表现服装的明暗关系，整体呈现上紧下松的结构。

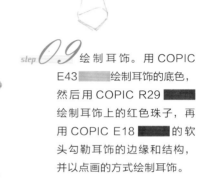

step 09 绘制耳饰。用 COPIC E43 ▣ 绘制耳饰的底色，然后用 COPIC R29 ▣ 绘制耳饰上的红色珠子，再用 COPIC E18 ▣ 的软头勾勒耳饰的边缘和结构，并以点画的方式绘制耳饰。

step **10** 绘制腰带。腰带是丝绒类材质，因此要体现其高光亮面的质感。用 COPIC R29 ▨▨▨的软头以扫笔的方式绘制底色，并在高光部分留白，然后用 COPIC R59 ▨▨▨以扫笔的方式强调暗部，再用这两种颜色轻轻地绘制衣摆，虚化下方的绸缎。

step **11** 绘制手提包。用 COPIC R29 ▨▨▨绘制手提包的底色，然后用 COPIC R59 ▨▨▨强调暗部，接着用 COPIC E47 ▨▨▨绘制链条，再用 COPIC R29 ▨▨▨绘制指甲。

step *12* 绘制鞋。用 COPIC C-3 █████ 的软头以扫笔的方式绘制鞋的底色，然后用 COPIC 100 █████ 加深鞋的暗部，体现鞋的立体感。

step *13* 调整修饰。用樱花高光笔 ██████ 点缀耳饰，并在服装上绘制 # 字型符号，然后用 COPIC 100 █████ 以扫笔的方式绘制背景和阴影，增强人物立体感，使画面更加完整。

CHAPTER
08

第8章

柔软针织
类材质的
绘制技法

8.1 材质表现分析及绘前注意事项

第 8 章主要讲解柔软针织类材质的绘制技法。在表现柔软针织类材质时，我们需要注意以下几点。

第一点：要表现出薄厚差异较大的视觉感受。

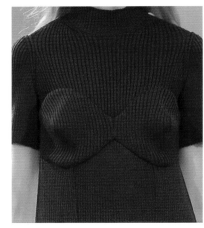

常见的针织面料分为两大类，即剪裁针织面料和成型针织面料。剪裁针织面料常用来制作 T 恤、内衣和打底衫，薄款修身的针织衫贴合人体。因此，在绘制时要表现出人体结构的起伏转折。成型针织面料常用来制作粗棒针的毛衣，廓形较明显，面料较柔软，稍微宽松，因此在绘制时要表现出花形和织线的纹理以及服装线条的微妙起伏。

第二点：要表现出针织面料柔软和"弹性好"的特性。

针织面料以线圈的方式编织而成，因此质地较柔软，弹性较好。针织衫的衣褶线圆润，褶皱不密集。在绘制结构转折处时，可用圆润的线条来体现其柔软；在绘制被拉伸处时，可用线条的疏密变化来体现弹性。

第三点：要表现出堆垂感的视觉感受。

厚型针织面料通常被设计成宽松的样式，会将袖口和下摆收拢起来，使面料堆积在一起，可用圆润的线条进行表现；薄型针织面料通常被设计成紧身的样式，可用少量的褶皱弧线搭配明暗关系来表现。

第四点：要表现出色彩柔和的视觉感受。

采用花式线编织的针织面料色彩丰富、光泽柔和，对其纹理要有选择性地进行表现。

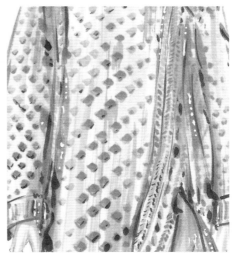

第五点：要注意对编织纹理多样化的表现。

常见的针织纹理有波纹状、鱼骨状、棱条状、麦穗状和8字扭纹状等。在绘制时，要先构思好画面所要突出的重点，而不用描绘出具体的花纹。

第六点：要注意图案的变化。

针织面料的图案以几何形为主，在绘制时，要注意对其排列方式和颜色的表现。

8.2 针织长衫和纱质长裙套装——刮擦排线法

绘制要点

本例绘制的是一款较为宽松的针织长衫和纱质长裙套装。长衫的质地较为厚重，但不失柔软。因此，在绘制时要注意针织的纵向走向。长裙上面有花朵装饰，在绘制时宜用较淡的颜色表现出"轻薄"和"透"的特征，并且要绘制出透出的肤色。

工具

自动铅笔、软橡皮、硬橡皮、针管笔、康颂马克笔专用纸、COPIC 马克笔、樱花高光笔和三菱高光笔。

色卡展示

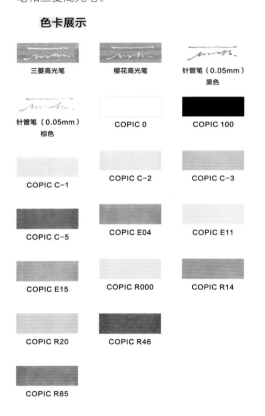

三菱高光笔　　　樱花高光笔　　　针管笔（0.05mm）黑色

针管笔（0.05mm）棕色　　　COPIC 0　　　COPIC 100

COPIC C-1　　　COPIC C-2　　　COPIC C-3

COPIC C-5　　　COPIC E04　　　COPIC E11

COPIC E15　　　COPIC R000　　　COPIC R14

COPIC R20　　　COPIC R46

COPIC R85

8.2.1 技法说明

　　刮擦排线法指的是在提笔和落笔时力度可以小一些，仿佛在纸上"蹭"出的痕迹，并产生条状笔触。通常可以利用马克笔的宽头以刮擦的方式绘制，先铺好底色，并注意留白，然后用马克笔的细头在纸上刮擦，并留下纤细的线条。

● 刮擦法

　　先用马克笔的宽头在纸面刮擦，注意力度要小，使起笔和提笔的部位都有刮擦留下的线条，并在画面中适当留白。

● 排线法

　　用马克笔的软头根据针织衣的走线方向进行排线，并注意适当留白。在绘制暗部时，可多排一些线条。

8.2.2 绘制步骤

step *01* 绘制线稿。用铅笔绘制模特的走姿。本例中，模特的动态不明确，根据模特右侧露出的肩膀，可以确定模特的左脚在前、右脚在后，且右侧的肩膀要高于左侧的肩膀，以便更好地表现服装。在此基础上，绘制出模特的发型、五官、上衣和裙子。本例中，服装整体较为宽松，要注意领子的造型和服装的廓形。

> **· 提示 ·**
>
> 　　在人体动态不明确时，可以美化模特，先确定人体的走姿，并为其套上服装。

step *02* 绘制面部。用软橡皮擦淡面部的线稿，然后用针管笔（0.05mm）棕色　　　勾勒出人体的轮廓、五官、头发和腿部，接着擦除皮肤部分的线稿，并用COPIC R000　　　以平涂的方式绘制面部、颈部和手部的皮肤，再用COPIC R20　　　重点绘制眉弓、上下眼睑、鼻头和颧骨下方，并表现出手部的立体感。

> **· 提示 ·**
>
> 　　模特的发型较服帖，要注意将头型画得饱满一些。在表现发型时，可以通过排线法勾勒部分发丝。

step *03* 刻画五官。用 COPIC E04 加深五官的暗部，然后用 COPIC 0 以晕染的方式绘制五官的暗部，使肤色的过渡更自然，接着用 COPIC R14 绘制唇部，注意上唇的颜色比下唇的颜色稍深一点，并绘制出眼影，接着用 COPIC C-3 绘制眼球。并用针管笔（0.05mm）棕色 勾勒眼球、嘴角、眉毛、双眼皮褶和鼻孔，再用针管笔（0.05mm）黑色 勾勒上下眼线和睫毛，最后用樱花高光笔 绘制瞳孔和唇部的高光部位。

· 提示 ·

模特的眉毛较淡，直接用针管笔（0.05mm）棕色描绘即可，同时要注意表现出眉毛的走向。

step *04* 绘制头发。用 COPIC E11 以平涂的方式绘制头发的底色，并将头发分为三大部分，留出分缝线，然后用 COPIC E15 绘制头发的暗部、分缝线和耳后的位置。注意，绘制出来的线条要与浅色的发丝的过渡自然一些，否则头发的暗部会显得生硬。

· 提示 ·

要想让头发的颜色过渡自然，可以用 COPIC 0 进行晕染，也可以用与头发同色系的浅色进行晕染。

· 提示 ·

可以对毛衣的右侧进行虚化处理，用浅灰色勾勒出袖子。

step *05* 勾勒上衣。用 COPIC C-2 的软头勾勒毛衣的白色部位和裙子的轮廓，然后用 COPIC R46 的软头勾勒毛衣的红色轮廓和主要的褶皱线，并注意笔触的变化。在绘制到两个颜色的衔接处时，要用较细的笔触，让颜色能自然地衔接在一起。

step *06* 绘制底色。用 COPIC C-2 的宽头通过刮擦的方式为上衣的白色部分着色，然后用 COPIC R85 的宽头通过刮擦的方式为上衣的红色部分着色，注意笔触的变化，且刮擦的走向要与毛衣的走向保持一致。

step *07* 绘制肌理。用 COPIC C-2 ▨▨ 整理上衣白色部位的轮廓，然后用 COPIC C-3 ▨▨ 绘制上衣的暗部。接着用 COPIC R46 ▨▨ 整理上衣红色部位的轮廓，并用软头轻扫下摆的暗部，体现出针织的质感。再用 COPIC C-2 ▨▨ 、COPIC R46 ▨▨ 和 COPIC 100 ▨▨ 绘制出上衣的雪花图案，最后用三菱高光笔 ▨▨ 绘制出红色部位的白点。

·提示·

在绘制透明的纱时，要用浅色，以表现出纱比较透的特性。

step *08* 刻画饰品。用 COPIC C-3 ▨▨ 和 COPIC C-5 ▨▨ 绘制项链，注意珍珠的大小变化和项链在服装上的起伏变化，然后用三菱高光笔 ▨▨ 以点画的方式绘制珍珠的高光部位和指甲。

step *09* 绘制裙子。用 COPIC R000 ▨▨ 为腿部着色，表现出立体感，然后用 COPIC C-1 ▨▨ 以平涂的方式绘制裙子。注意，腿部两侧和双腿中间的颜色稍深，可以多叠加几遍颜色。

·提示·

在铺底色时，可用马克笔的宽头进行绘制；在扫笔时，可用马克笔的软头进行绘制。注意，裙子与上衣的衔接要自然。

step **10** 描绘图案。用 COPIC C-2 ▨ 通过压笔的方式点出裙子上的花瓣，并绘制出弯曲的枝条，然后用 COPIC C-3 ▨ 加深暗部的花纹，即左侧、毛衣下方和拖地裙摆处的花纹。

· 提示 ·

在裙摆处可以多绘制一些花纹图案，以增强氛围感。

step **11** 整体修饰。用 COPIC C-5 ▨ 加深裙摆暗部的花纹轮廓，然后轻扫枝条，再对画面整体进行调整修饰，完成绘制。

· 提示 ·

本套服装整体采用了较为清淡的颜色，因此不宜多用深色，点缀一下即可。

8.3 开衩网状针织衣——以点成面法

扫 码 看 视 频

绘制要点

本例绘制的是由开衩网状针织衣和蕾丝装饰纱裙搭配的套装。在绘制网状针织衣时，要对小方形网格进行归纳和有序排列，并通过明暗的变化表现出立体感。服装的整体颜色是蓝紫色，但在具体绘制时，可以加入一些偏红的紫色或淡黄色来提亮画面，让画面更加细腻和丰富。

工具

自动铅笔、软橡皮、硬橡皮、针管笔、康颂马克笔专用纸、COPIC 马克笔、樱花高光笔和三菱高光笔。

色卡展示

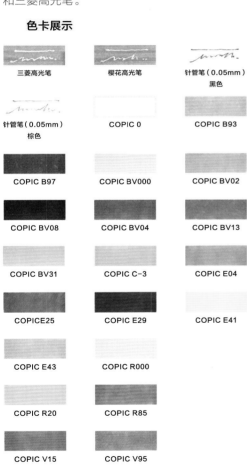

三菱高光笔	樱花高光笔	针管笔（0.05mm）黑色
针管笔（0.05mm）棕色	COPIC 0	COPIC B93
COPIC B97	COPIC BV000	COPIC BV02
COPIC BV08	COPIC BV04	COPIC BV13
COPIC BV31	COPIC C-3	COPIC E04
COPICE25	COPIC E29	COPIC E41
COPIC E43	COPIC R000	
COPIC R20	COPIC R85	
COPIC V15	COPIC V95	
COPIC W-5	COPIC YR20	

8.3.1 技法说明

以点成面法是指通过点形成面来表现画面的一种方法。在绘制时，可对这些色块进行有规律的排列，并注意不要出现重叠。在使用马克笔绘制大面积的颜色时，笔触之间容易发生渗色的情况，所以笔触的排列方式很重要。

8.3.2 绘制步骤

step 01 给人体起形。用铅笔起稿，把握好人体的比例和动态，再绘制出五官和发型，然后根据人体结构和动态走向绘制出上衣、裙子、鞋和手提包。上衣是宽松的毛衣，要注意服装本身的厚度，并控制好服装和人体的空间关系。另外，要注意绘制出上衣开衩的部位和纱质裙子的飘逸感。

step 02 勾勒线稿。用软橡皮通过按压的方式减淡线稿的颜色，然后用针管笔（0.05mm）棕色勾勒出人体的轮廓、五官和头发，接着用 COPIC V95 勾勒上衣，注意笔触的粗细变化，通常暗部的笔触更粗。接着用 COPIC B93 勾勒纱裙，要保持线条的流畅，以扫笔的方式勾勒即可。再用 COPIC E29 勾勒手提包，并注意留出空隙，最后用 COPIC BV02 勾勒出鞋。

> **提示**
>
> 在勾勒结构线时，可将线条绘制得稍粗一些；在勾勒褶皱时，可将线条绘制得稍细一些。

step **03** 绘制皮肤。用COPIC R000 ▨ 以平涂的方式绘制包括面部、颈部、手部和腿部在内的皮肤，然后根据面部结构，用COPIC R20 ▨ 强调眉弓下方、眼窝、鼻头、鼻底、颧骨下方、唇底和下巴底部，增强五官的立体感，并绘制出额头两侧的投影，包括手部和脚部的暗部。之后再强调毛衣在大腿上的投影，用COPIC E04 ▨ 再次加深暗部。最后用COPIC 0 ▨ 进行晕染，使颜色的过渡更自然。

> **·提示·**
> 纱质裙子比较透，会透出皮肤的颜色，因此要将腿部的明暗关系表达出来。

step **04** 刻画五官。用COPIC C-3 ▨ 绘制眼球，然后用COPIC R85 ▨ 绘制唇部，接着用COPIC E25 ▨ 绘制眉毛，并用针管笔（0.05mm）棕色 ▨ 勾勒内眼角、双眼皮褶和眉毛，再用针管笔（0.05mm）黑色 ▨ 描绘上眼线、瞳孔、眉头、眉峰和唇缝，最后用樱花高光笔 ▨ 绘制瞳孔、鼻头和下唇的高光部位。

step **05** 绘制头发。用COPIC E41 ▨ 以扫笔的方式绘制头发的底色，然后用COPIC E43 ▨ 加深头发的暗部，包括发际线、耳后、颈部后方和搭在肩膀上的头发，再用COPIC E25 ▨ 绘制额头的发际线、耳后和两侧的部位。

> **·提示·**
> 在绘制头发时，可通过块状拼接的方式表现，并自然地留出高光。

step **06** 绘制底色。用COPIC BV000 ▨ 绘制上衣的底色，并着重强调服装的暗部，然后用COPIC YR20 ▨ 轻扫服装的亮部，让服装的底色丰富一些，注意运笔要连贯。

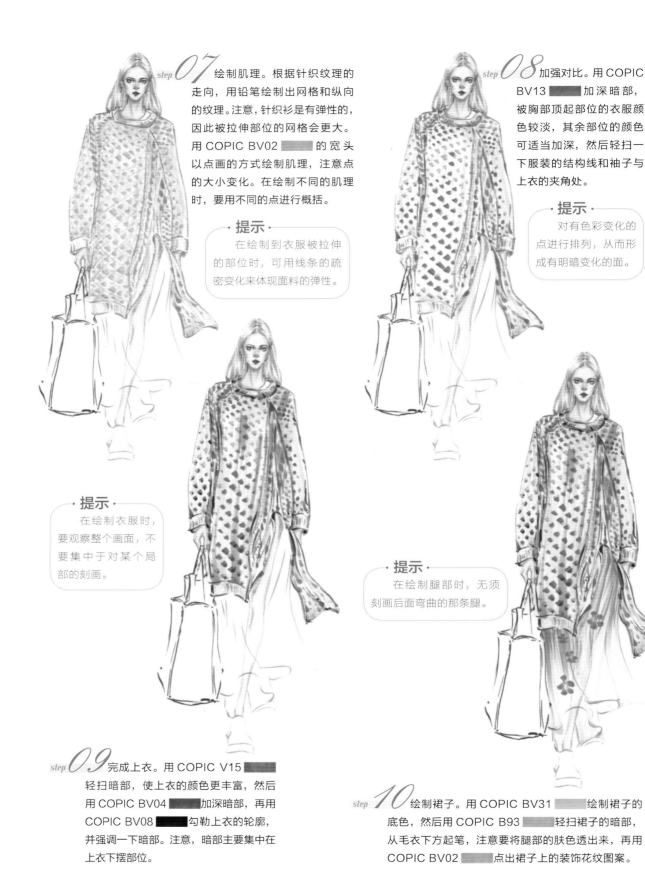

step *07* 绘制肌理。根据针织纹理的走向，用铅笔绘制出网格和纵向的纹理。注意，针织衫是有弹性的，因此被拉伸部位的网格会更大。用 COPIC BV02 的宽头以点画的方式绘制肌理，注意点的大小变化。在绘制不同的肌理时，要用不同的点进行概括。

· 提示 ·

在绘制到衣服被拉伸的部位时，可用线条的疏密变化来体现面料的弹性。

step *08* 加强对比。用 COPIC BV13 加深暗部，被胸部顶起部位的衣服颜色较淡，其余部位的颜色可适当加深，然后轻扫一下服装的结构线和袖子与上衣的夹角处。

· 提示 ·

对有色彩变化的点进行排列，从而形成有明暗变化的面。

· 提示 ·

在绘制衣服时，要观察整个画面，不要集中于对某个局部的刻画。

· 提示 ·

在绘制腿部时，无须刻画后面弯曲的那条腿。

step *09* 完成上衣。用 COPIC V15 轻扫暗部，使上衣的颜色更丰富，然后用 COPIC BV04 加深暗部，再用 COPIC BV08 勾勒上衣的轮廓，并强调一下暗部。注意，暗部主要集中在上衣下摆部位。

step *10* 绘制裙子。用 COPIC BV31 绘制裙子的底色，然后用 COPIC B93 轻扫裙子的暗部，从毛衣下方起笔，注意要将腿部的肤色透出来，再用 COPIC BV02 点出裙子上的装饰花纹图案。

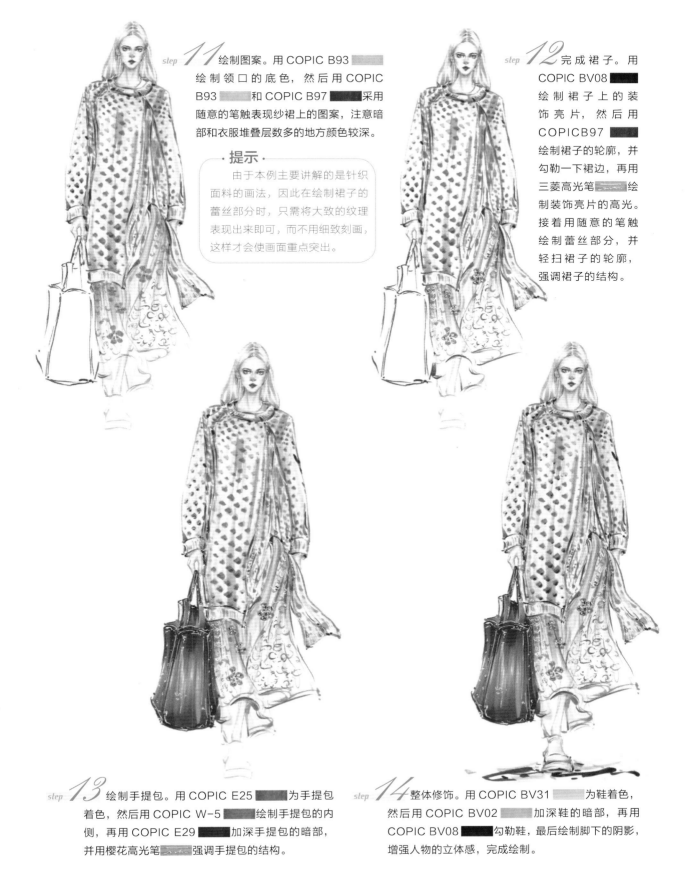

step 11 绘制图案。用 COPIC B93 绘制领口的底色，然后用 COPIC B93 和 COPIC B97 采用随意的笔触表现纱裙上的图案，注意暗部和衣服堆叠层数多的地方颜色较深。

提示

由于本例主要讲解的是针织面料的画法，因此在绘制裙子的蕾丝部分时，只需将大致的纹理表现出来即可，而不用细致刻画，这样才会使画面重点突出。

step 12 完成裙子。用 COPIC BV08 绘制裙子上的装饰亮片，然后用 COPICB97 绘制裙子的轮廓，并勾勒一下裙边，再用三菱高光笔 绘制装饰亮片的高光。接着用随意的笔触绘制蕾丝部分，并轻扫裙子的轮廓，强调裙子的结构。

step 13 绘制手提包。用 COPIC E25 为手提包着色，然后用 COPIC W-5 绘制手提包的内侧，再用 COPIC E29 加深手提包的暗部，并用樱花高光笔 强调手提包的结构。

step 14 整体修饰。用 COPIC BV31 为鞋着色，然后用 COPIC BV02 加深鞋的暗部，再用 COPIC BV08 勾勒鞋，最后绘制脚下的阴影，增强人物的立体感，完成绘制。

8.4 细纹针织线衣——扫笔排线法

绘制要点

本例绘制的是一款细纹针织线衣，并搭配棕色的裤子。针织线衣的纹理比较细密，在绘制时需要表现出贴合人体的状态，尤其是手臂和手腕的部位；棕色的裤子款式简约，在绘制时只需概括出轮廓并简单地表达出明暗关系即可。整个画面均是采用较明确的笔触来表现的，画风不太写实，有一种装饰感。

工具

自动铅笔、软橡皮、硬橡皮、针管笔、彩色针管笔、康颂马克笔专用纸、COPIC 马克笔和樱花高光笔。

色卡展示

樱花高光笔

针管笔（0.05mm）
黑色

针管笔（0.05mm）
棕色

彩色针管笔 26

COPIC 0

COPIC 100

COPIC B63

COPIC B93

COPIC B97

COPIC C-3

COPIC E08

COPIC E11

COPIC E15

COPIC R000

COPIC R14

COPIC R20

COPIC R35

COPIC R37

COPIC W-5

COPIC Y08

8.4.1 技法说明

运用马克笔上色,特点是快、准、稳。在绘制服装时,可以以扫笔的方式进行大面积的铺色,让颜色的过渡更自然。同时可通过对用笔力度的控制,绘制出线的效果。在此基础上,再以排线的方式绘制出肌理。此技法和刮擦排线法类似,区别在于扫笔的起笔力度大,且有明确的分界线。

- **扫笔法**

  在扫笔时,起笔的力度大,尽量避免笔触的重叠。

- **排线法**

  在铺完底色之后,要用马克笔的软头进行排线,绘制出针织的质感。

8.4.2 绘制步骤

step *01* 给人体起形。使用铅笔绘制出人物和服装的大致轮廓。人体的上半身基本保持直立状态,髋部随着行走向左侧摆动,在绘制时注意人体的重心要稳。袖子与手臂十分贴合,要将手腕关节顶起的部位表达出来,体现手臂的修长感。在使用铅笔起稿时,要将人体的形和服装的款式绘制准确,以便勾线时更好操作。

> · 提示 ·
>
> 因为上衣是修身的款式,所以可将裤子绘制得宽松一些。

step *02* 勾勒线稿。用软橡皮擦淡铅笔线稿,然后用针管笔(0.05mm)棕色 勾勒发型、五官、人体的轮廓和服装。在绘制时,要注意线条的起落变化和流畅程度。

step *03* 绘制皮肤。用 COPIC R000 以平涂的方式为面部和手部填色，然后用 COPIC R20 强调眉弓、鼻头、鼻底、眼窝、唇底和颧骨侧面，接着绘制颈部、锁骨和手部等暗部，再用 COPIC 0 进行晕染，让肤色的过渡更自然。

step *04* 刻画五官。用 COPIC C-3 绘制瞳孔，然后用 COPIC R14 绘制眼影和唇部，接着用 COPIC E15 描绘眉毛，注意不要将眉尾和眉头绘制得太重。着色完成后，用针管笔（0.05mm）棕色勾勒五官，再用针管笔（0.05mm）黑色勾勒上下眼线和眉毛，最后用樱花高光笔绘制瞳孔、内眼角、鼻梁和下唇的高光部位，增强立体感。

· 提示 ·

在绘制睫毛时，如果用黑色来表现，颜色会很突兀；如果用棕色来表现，颜色又会太淡。因此在用针管笔（0.05mm）棕色绘制眼线时，可以稍微勾勒一下睫毛，让睫毛显得更自然。

step *05* 绘制头发。在绘制刘海时，要注意对额头立体感的表达。用 COPIC E11 为模特的头发上色，并在亮部适当留白。根据发丝的走向运笔，表现出头发的层次感。

step *06* 加深暗部。用 COPIC E15 加深头发的暗部，注意线条要符合浅色发丝的走向。

step 07 完成头发。用针管笔（0.05mm）棕色  绘制头顶的发丝和两侧飘起的发丝，然后用彩色针管笔 26 勾勒头发的暗部，增强头发的层次感。

step 08 绘制服装。用 COPIC B63 轻扫服装胸前的内衣结构和服装的亮部，然后用 COPIC B93 对服装其余部位进行大面积铺色，并将服装的结构自然地区分开来，这里要注意笔触的变化。

> **·提示·**
>
> 扫笔排线法不同于晕染法，色块之间需要留白，因此要熟练掌握马克笔的技法，在落笔前需构思好笔触的表现方式。

step 09 排线造型。用 COPIC B93 以排线的方式明确服装的结构线，并适当留白，可在暗部多排一些线条，以强调线衣的质感。

step 10 完成上衣。用 COPIC B97 以扫笔的方式强调暗部，绘制出画面左侧的领子、腰部和裙摆。

step *11* 绘制裤子。用 COPIC E11 ▬▬ 以扫笔的方式为裤子着色，并大面积留白，注意着色部位主要集中于暗部，然后大致勾勒裤子的轮廓线和褶皱。

· 提示 ·

为了整个画面的统一，也可以以扫笔的方式来表现裤子。

· 提示 ·

本例中，画面整体的颜色较为清亮，使用亮黄色表现背景，集红黄蓝三原色于一体。

step *12* 叠加颜色。用 COPIC E15 ▬▬ 以扫笔的方式绘制裤子的暗部，包括腿部两侧和两条裤腿的分界处，然后用马克笔的软头勾勒裤子的结构线，再用 COPIC E08 ▬▬ 以轻松随意的笔触勾勒裤子。

step *13* 整体修饰。用 COPIC B93 ▬▬ 和 COPIC B97 ▬▬ 为鞋着色，然后用 COPIC B63 ▬▬ 和 COPIC 100 ▬▬ 勾勒鞋，接着用 COPIC R20 ▬▬ 、 COPIC R35 ▬▬ 和 COPIC R37 ▬▬ 绘制手提包的红色部位，并用 COPIC W-5 ▬▬ 绘制手提包的棕色部位，再用 COPIC 100 ▬▬ 绘制手提包的带子，最后用 COPIC Y08 ▬▬ 添加背景。

8.5 粗纹针织线衣——纹理勾勒法

绘制要点

本例绘制的是一款较为宽松的粗纹针织线衣，露肩的穿法使模特的右手隐藏在长袖里。服装的织线较粗，整体较为厚重，其麻花辫的花纹是一大特色。与平面印花图案不同，该服装的针织肌理是立体的，因此要通过明暗变化来表现花型的立体感，体现出针织面料的质感。

工具

自动铅笔、软橡皮、硬橡皮、秀丽笔（M）棕色、秀丽笔（M）黑色、针管笔、康颂马克笔专用纸、COPIC 马克笔和樱花高光笔。

色卡展示

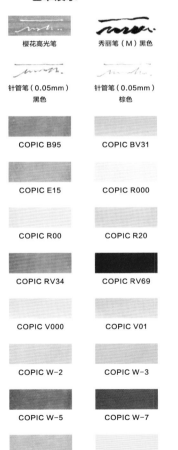

8.5.1 技法说明

在绘制针织纹理比较多样的服装时，可用概括的直线或曲线表现整体的纹理和走势。同时，要勾勒出纹理的边缘线，体现出花型的立体感。注意，笔触的粗细和疏密都能很好地体现出针织纹理的特色。

8.5.2 绘制步骤

step *01* 给人体起形。可以先用大体块概括人体动态，注意找准胸廓和胯部的扭动关系（模特摆动胯部，重心落在右脚上），然后绘制五官和发型，注意头部呈稍侧的状态。

step *02* 用铅笔起稿。在人体动态的基础上绘制出服装的大致结构和轮廓，表现出服装搭在人体上和被臀部顶起的状态，然后绘制出领口和下摆。在绘制平底休闲鞋时，可以适当夸张鞋头。

step *03* 勾勒线稿。用软橡皮将铅笔线稿擦淡，然后用针管笔（0.05mm）棕色勾勒线稿，表现出五官、发型和手脚等，注意将鞋带的穿搭结构表现出来。

step 04 绘制皮肤。用 COPIC R000
绘制皮肤的底色，包括面部、颈部、手和
裸露的小腿部位，然后根据面部结构绘制
暗部，接着用 COPIC R00 强调眉
弓下方、鼻头、鼻底、颧骨下方、唇底和
下巴底部等，并绘制头部下方、锁骨、胸口、
手部和腿部的暗部，注意颜色的过渡要柔
和，再用 COPIC R20 加强暗部。

step 05 刻画五官。用 COPIC
E15 绘制眉毛和瞳孔，
然后用 COPIC R20
绘制唇部，接着用针管笔
（0.05mm）棕色 再
次描绘被晕淡的线条，并
勾勒鼻子和唇缝线，再用
樱花高光笔 绘制瞳
孔、内眼角、鼻头和下唇的
高光部位，最后用针管笔
（0.05mm）黑色 描
绘眼线、瞳孔、睫毛和眉毛。

step 06 绘制头发。用 COPIC W-2 绘制
头发的底色，然后用 COPIC W-3 加
深暗部，再用 COPIC W-5 强调暗部，
最后用针管笔（0.05mm）棕色 描绘
额头的碎发。

step *07* 平铺底色。先用铅笔画出服装纹理的走向，然后用针管笔（0.05mm）棕色 勾勒花型，接着将铅笔线稿擦淡，用 COPIC V000 对服装的整体进行铺色，轻扫一层作为底色。

· 提示 ·

本例中，毛衣的底色本是白色，但在绘制时可以主观处理，用淡紫色进行表现。

step *08* 为花型上色。用 COPIC V01 的软头以按压的方式绘制花型和袖口堆叠处的暗部。注意，笔触的形状要与花型和纹理的走向保持一致，用不同的大小和疏密来表现。

· 提示 ·

在绘制单色服装时，为了突出亮部，可适当留白。

step *09* 勾勒结构。用 COPIC RV34 勾勒服装的线条，并加深花型的暗部。需要注意的是，线条粗细的变化要与服装的纹理和明暗部相结合。同时，还要表现出服装的结构线和褶皱线的虚实关系。

step *10* 绘制配饰。用 COPIC W-5 ▰▰▰ 绘制耳环和项圈，然后用 COPIC YR31 ▰▰▰ 、COPIC YR23 ▰▰▰ 和 COPIC RV34 ▰▰▰ 绘制画面左侧的图案，并用 COPIC YR23 ▰▰▰ 、COPIC W-5 ▰▰▰ 和 COPIC RV69 ▰▰▰ 绘制画面右侧的彩带。接着用 COPIC YR31 ▰▰▰ 、COPIC YR23 ▰▰▰ 和 COPIC RV34 ▰▰▰ 绘制手上的书，并用 COPIC W-5 ▰▰▰ 和 COPIC RV69 ▰▰▰ 绘制下摆的拉链。再用 COPIC W-3 ▰▰▰ 和 COPIC W-5 ▰▰▰ 绘制毛衣的深色条纹，并用 COPIC YR31 ▰▰▰ 和 COPIC YR23 ▰▰▰ 绘制毛衣的黄色条纹。

· 提示 ·
最后使用的蓝色可以使整体的画面更和谐统一。

step *11* 绘制鞋。用 COPIC W-2 ▰▰▰ 绘制鞋的底色，然后用 COPIC W-5 ▰▰▰ 加深鞋的暗部，接着用 COPIC W-7 ▰▰▰ 强调鞋的结构线，再用 COPIC YR23 ▰▰▰ 轻轻勾勒袜子上的图案，最后用 COPIC B95 ▰▰▰ 勾勒头部、毛衣和鞋的边缘，丰富画面的颜色。

step 12 调整画面。用COPIC BV31 ▭ 轻扫
服装的暗部，然后用秀丽笔（M）黑色 〰
描绘胸前的配饰，接着用秀丽笔（M）棕色
〰 写上字母ES，简单勾勒服装的结构线，
并带出脚下的阴影，再用樱花高光笔 ▭ 提
亮配饰、花型和结构线，使画面的层次更丰富。

step 13 添加背景。用COPIC B24 ▭ 绘制蓝色背景，
这样可以将服装的淡紫色衬托得更艳丽，且人物轮廓的
蓝色也和背景的蓝色相呼应。

· 提示 ·

在使用高光
笔时，要避免笔
触过多，否则会
使画面的颜色变
得杂乱。

CHAPTER

09

第 9 章

精致蕾丝
类材质的
绘制技法

9.1 材质表现分析及绘前 注意事项

　　第 9 章主要讲解精致蕾丝类材质的绘制技法。在表现精致蕾丝类材质时，我们需要注意以下几点。

第一点：要表现出镂空和半透明的视觉感受。

　　早期的蕾丝用钩针手工编制而成，具有网眼镂空的纹理。在绘制时，要注意对镂空部位的表现，通过刻画面料下的皮肤和阴影来体现镂空的效果。

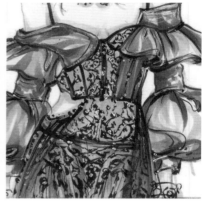

第二点：要注意对蕾丝软硬差别较大的表现。

　　在绘制蕾丝时，线条的数量要根据图形进行添加或减少。在线条密集的部位，面料较厚且硬，但大部分蕾丝的面料是柔软的，衣褶线也较圆润。

第三点：要表现出悬垂性不佳的视觉感受。

　　蕾丝面料较轻盈，因此垂坠感不明显，在绘制时要根据具体的材质进行表现。在绘制较薄的蕾丝面料时，要用快速和纤细的笔触表现出飘逸的形态。

第四点：要表现出色彩虚实变化丰富的视觉感受。

在绘制蕾丝时，要保留一些空白或浅色区域，以表现蕾丝良好的透明性。通常来说，蕾丝面料堆积处的颜色更深一些。

第五点：要注意对纹理细密处的表现。

在绘制蕾丝时，要耐心地刻画主要花型，可以用较细的笔触勾勒。在描绘时，纹理的方向要随着面料的弯曲和折叠状态而变化。

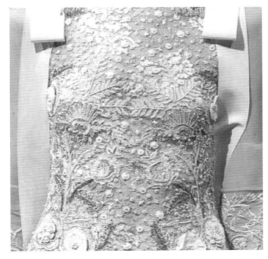

第六点：要注意对图案多样化的表现。

蕾丝的图案非常丰富，通常有连续重复排列的花型图案，也有结构繁杂的独立花型图案，要耐心刻画这种装饰性花纹。

9.2 PVC 蕾丝图案连衣裙——交叉排线法

扫 码 看 视 频

绘制要点

本例绘制的是一款 PVC 蕾丝图案连衣裙。传统的蕾丝是用钩针手工编制而成的一种镂空装饰性面料。随着技术的发展，运用 PVC 材质的领域越来越多。该服装实际上采用的是硬挺 PVC 材质，结合蕾丝的柔软图案，中和了 PVC 坚硬的感觉，更加符合女性柔美的特点。在绘制时，要表现 PVC 材质反光的部位。在描绘蕾丝时，要耐心地找到图案的中心，并定好每个图案的位置，再以细而精准的笔触进行刻画。

工具

自动铅笔、软橡皮、硬橡皮、针管笔、秀丽笔、康颂马克笔专用纸、COPIC 马克笔、樱花高光笔、三菱高光笔和高光墨水。

色卡展示

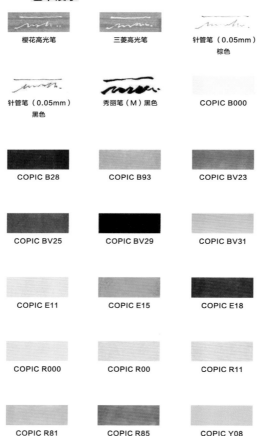

樱花高光笔	三菱高光笔	针管笔（0.05mm）棕色
针管笔（0.05mm）黑色	秀丽笔（M）黑色	COPIC B000
COPIC B28	COPIC B93	COPIC BV23
COPIC BV25	COPIC BV29	COPIC BV31
COPIC E11	COPIC E15	COPIC E18
COPIC R000	COPIC R00	COPIC R11
COPIC R81	COPIC R85	COPIC Y08

9.2.1 技法说明

排线法指的是用紧密的平行线来绘制物体阴影和造型的一种技法。当交叉排列线条时，这一技法就称为交叉排线法。一般通过改变线段的长短和疏密，来表现不同的色调和明暗关系。本例中，主要使用交叉排线法绘制网状蕾丝图案。

9.2.2 绘制步骤

step 01 给人体起形。用铅笔起稿，绘制出人体的走姿，在此基础上绘制出头部的细节和服装的大致廓型，表现出 PVC 裙子的硬质褶皱。

· 提示 ·
PVC 材质较硬，可以用较粗的线条勾勒服装的轮廓线。

step 02 勾勒线稿。用橡皮轻轻擦淡铅笔线条，然后用针管笔（0.05mm）棕色勾勒出五官、发型、手脚的轮廓线，接着用秀丽笔（M）黑色 勾勒出服装、耳饰和鞋子，待画面干后，用橡皮将铅笔线条擦除。

step 03 绘制皮肤。用 COPIC R000 以平涂的方式绘制皮肤，由于服装整体较透，因此，部分被服装遮挡的皮肤也要进行着色，然后根据面部结构，用 COPIC R00 叠加五官的眼窝、鼻底、双颊及脸与颈部的交界处，并强调腰部、手臂和腿部的暗部。

step 04 刻画五官。用 COPIC B93 绘制眼球，用 COPIC B000 绘制眼白，用 COPIC R11 绘制眼影，并加深鼻头的暗部。接着用 COPIC R81 绘制唇部，并用 COPIC R85 叠加唇中缝，再用 COPIC E15 绘制眉毛。将五官绘制完成后，用针管笔（0.05mm）棕色勾勒五官和人体暗部的线条，然后用针管笔（0.05mm）黑色 勾勒眉毛和瞳孔，再用樱花高光笔 绘制瞳孔、唇部和鼻子的高光部位。

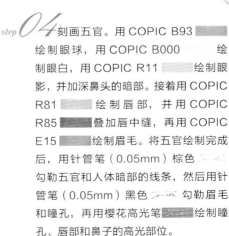

step *05* 绘制头发。用 COPIC E11 [color] 绘制头发的底色，并在头顶处适当留白，表现出头部的立体感，然后用 COPIC E15 [color] 沿着发丝走向绘制暗部，接着用 COPIC E18 [color] 细细地勾勒一些暗部的头发，包括耳后和下方以及搭在肩膀上的头发的暗部。

step *06* 绘制服装。用 COPIC BV25 [color] 为胸前的面料着色，然后用 COPIC BV29 [color] 叠加。接着用 COPIC BV31 [color] 绘制整体的底色，再用 COPIC BV23 [color] 以扫笔的方式绘制没有与皮肤贴合的部位。

· 提示 ·

在绘制半透明的材质时，面料重叠的层数越多，颜色越深。

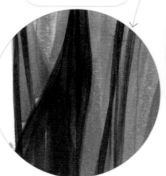

step *07* 叠加暗部。用 COPIC BV25 [color] 叠加下半部分 PVC 面料重叠的位置，注意不要涂满，可适当留出空隙。

step *08* 完成底色。用 COPIC BV29 [color] 加深下半部分 PVC 面料重叠的位置。

step *09* 绘制高光。用 COPIC BV29 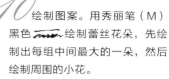 以连点成线的方式绘制胸前的装饰，然后用三菱高光笔绘制小水钻，接着用 COPIC 高光墨水以大笔触的方式绘制高光部位。

· 提示 ·

通常面料凸起的部分就是需要绘制高光的位置。

step *10* 绘制图案。用秀丽笔（M）黑色绘制蕾丝花朵，先绘制出每组中间最大的一朵，然后绘制周围的小花。

· 提示 ·

图案的排列是有规律的，要先定好每一组图案的位置，然后进行刻画。

· 提示 ·

在绘制图案时，力度要轻，线条要细。同时，要注意面料的折叠对图案的影响。

step *11* 完善图案。用针管笔（0.05mm）黑色以交叉排线的方式绘制每组图案的中心，表现蕾丝的质感，然后用细线连接各组花团。

step *12* 完善画面。用 COPIC BV23 绘制耳饰和鞋的底色，然后用 COPIC BV25 轻扫暗部，并用 COPIC BV29 点一些黑点。接着用三菱高光笔点出水钻，并用 COPIC B28 和 COPIC Y08 绘制耳饰、胸前和鞋子。最后用 COPIC BV31 、COPIC BV23 和 COPIC BV25 绘制背景和脚下的阴影。

9.3 镂空切割蕾丝裙——墨水遮盖法

绘制要点

本例绘制的是一款镂空切割蕾丝裙。与传统的蕾丝相比，这种蕾丝的立体感更强，需要通过对面料下皮肤阴影的刻画来体现镂空的立体效果。本例中的裙子是白色的，因为有较细的网丝，不便于直接留白，所以可先绘制底色，然后用高光墨水描绘蕾丝。

工具

自动铅笔、软橡皮、硬橡皮、针管笔、秀丽笔、彩色针管笔、康颂马克笔专用纸、COPIC 马克笔、樱花高光笔和 COPIC 高光墨水。

色卡展示

樱花高光笔

针管笔（0.05mm）棕色

针管笔（0.05mm）黑色

秀丽笔（M）黑色

彩色针管笔 92

COPIC 100

COPIC C-2

COPIC C-3

COPIC C-5

COPIC C-7

COPIC E11

COPIC E15

COPIC R000

COPIC R00

COPIC R20

COPIC R22

COPIC R59

COPIC YG09

COPIC YR16

9.3.1 技法说明

　　COPIC 高光墨水是一种不透明的白色颜料，具备较强的遮盖性、流动性，搭配马克笔进行绘制时，可以点缀画面的高光部位，有时还可以充当修正液。在绘制一些底色较深而纹理图案为白色的服装时，通常可以先绘制底色以表现出明暗关系，然后借助白色的高光墨水在底色上进行勾勒和描绘。

9.3.2 绘制步骤

step 02 勾勒线稿。用软橡皮轻轻地擦淡铅笔线条，然后用针管笔（0.05mm）棕色勾勒出模特的五官、裸露的手部和腿部，以及头发和耳饰。接着用彩色针管笔 92 勾勒出整体服装。在勾勒蕾丝时，要耐心一点，注意蕾丝纹理的前后关系。待画面干后，用橡皮将草稿的铅笔线条擦除。

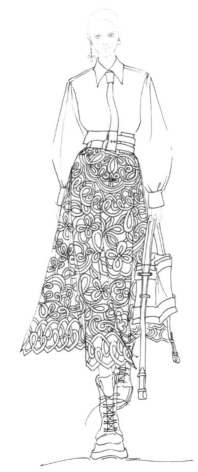

step 01 绘制草稿。用铅笔绘制模特的走姿和五官，然后在人体的基础上绘制出衬衣和半裙，注意对腰部衬衣宽松感的表现，以及抬起的髋部使半裙被顶起。

· 提示 ·

　　在绘制裙子上的蕾丝时，要耐心地刻画，并找一些参考线定出蕾丝图案的位置。

step 03 绘制皮肤。用 COPIC R000 绘制脸部、手部和腿部的底色，然后用 COPIC R00 绘制眉弓下方、鼻底、唇底、额头侧面和颧骨下方等部位的暗部，增强五官的立体感，接着绘制颈部、手部和腿部的暗部。

step *04* 绘制五官。用 COPIC R20 ▨▨ 绘制皮肤的暗部，然后用 COPIC E15 ▨▨ 绘制眼球和眉毛，接着用 COPIC R22 ▨▨ 绘制唇部，并以晕染的方式绘制眼影和鼻头的暗部。随后用针管笔（0.05mm）棕色 ▨▨ 强调五官的轮廓，再用针管笔（0.05mm）黑色 ▨▨ 勾勒眼线和眉毛，最后用樱花高光笔 ▨▨ 点出瞳孔、鼻子和唇部的高光部位。

> **·提示·**
> 在晕染眼窝时，注意不要涂到内眼角的下方，可在眉骨的高光上点一些小点，趁未干时用手抹开。

step *05* 绘制头发。用 COPIC E11 ▨▨ 绘制头发的颜色，然后用 COPIC E15 ▨▨ 强调头发的暗部，并为耳饰着色。接着用针管笔（0.05mm）棕色 ▨▨ 勾勒一些发丝，并绘制一些飞散的发丝，再用樱花高光笔 ▨▨ 提亮头发和耳饰的亮部。

step *06* 绘制衬衣。用 COPIC C-2 ▨▨ 绘制服装的暗部，然后用 COPIC C-3 ▨▨ 进一步叠加暗部，并表现出领带在服装上产生的阴影。

> **·提示·**
> 对于白色服装的明暗关系，通常可以用灰色来表现。

step 07 完成衬衣。用COPIC C-5 ▨ 强调衬衣的暗部，包括肩头、腰部、袖子内侧和袖子接缝处。

step 08 绘制腰带。用COPIC C-3 ▨ 以平涂的方式绘制领带和腰带的底色，然后用COPIC C-5 ▨ 加深暗部，再用COPIC C-7 ▨ 轻扫暗部。

step 09 叠加暗部。用COPIC E11 ▨ 绘制腿上的暗部，主要集中在双腿内侧和腿部两旁，然后用COPIC E15 ▨ 绘制蕾丝在皮肤上产生的投影，接着用COPIC C-2 ▨ 以平涂的方式绘制裙子，再用COPIC C-3 ▨ 和COPIC C-5 ▨ 绘制裙子上半部分透出衬衣的部位，注意对投影的表现。

step 10 绘制手提包。用COPIC R59 绘制手提包的底色，注意笔触的方向要一致，然后用COPIC R000 绘制包带的颜色，再用COPIC YR16 和COPIC YG09 绘制手提包的纹理，最后用秀丽笔（M）黑色 为黑色部分着色，并且勾描手提包的轮廓。

· 提示 ·

手提包不是画面的主体，只是起到装饰点缀的作用，因此无须进行细致的刻画，用色块表现即可。

step 11 绘制靴子。用COPIC C-3 绘制靴子的底色，然后用COPIC C-5 绘制靴子的暗部，再用COPIC C-7 强调暗部，最后用秀丽笔（M）黑色 进行勾勒，以增强靴子的厚重感。

· 提示 ·

根据近大远小的透视原理，可以将平底鞋的鞋头绘制得大一些，使人体站得更"稳"；同时用较粗的线条勾勒靴子，也能体现靴子的厚重感。

step 12 调整修饰。用COPIC 高光墨水耐心地描绘裙子上的蕾丝，然后以交叉排线法绘制镂空部位的网眼结构，接着用樱花高光笔 绘制衬衣、领带、腰带、手提包和靴子上的高光部位，再用COPIC 100 绘制脚下的暗部和背景。

· 提示 ·

服装整体的颜色较浅，用黑色绘制背景，不仅能突出人物，而且能增强人物的立体感。

9.4 薄透蕾丝连衣裙——勾描纹理法

绘制要点

本例绘制的是一款薄透蕾丝的连衣裙。该服装采用了灯笼袖的设计，表现出很强的空间感。在绘制时，要注意适当夸张袖子以表现出立体感，并用虚实变化的线条表达蕾丝裙装的特点。

工具

自动铅笔、软橡皮、硬橡皮、针管笔、秀丽笔、康颂马克笔专用纸、COPIC 马克笔和樱花高光笔。

色卡展示

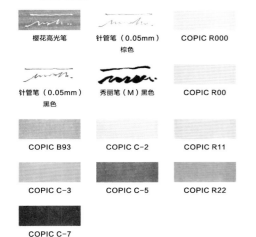

樱花高光笔	针管笔（0.05mm）棕色	COPIC R000
针管笔（0.05mm）黑色	秀丽笔（M）黑色	COPIC R00
COPIC B93	COPIC C-2	COPIC R11
COPIC C-3	COPIC C-5	COPIC R22
COPIC C-7		

9.4.1 技法说明

传统的蕾丝是用钩针手工编制而成的，带有网眼镂空的结构，与纱质面料类似，具有较强的透视性。因此，蕾丝面料能透出皮肤的颜色。在绘制时，可以使用马克笔表现皮肤的颜色，然后用勾线笔勾勒蕾丝花纹，通过改变力度在纸上留下有粗细变化的线条，再以排线的方式表达纱质面料。

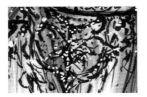

9.4.2 绘制步骤

step *01* 给人体起形。用铅笔起稿，绘制出人体结构和动态特征，然后绘制出五官、发型和服装的大致轮廓。注意，要用肯定的线条表现上半身和袖子的轮廓线，并用随意飘逸的线条表现下半身的裙摆。

step *02* 勾勒线稿。用针管笔（0.05mm）棕色 勾勒出发型、五官和人体的轮廓，并勾勒出被裙装遮盖的腿部，然后用秀丽笔（M）黑色 勾勒服装。注意，要使用有不同变化的线条来表现不同的材质。

· 提示 ·

这一步，要绘制出颈部的饰品与肩带等配饰在人体上产生的投影。

step *03* 绘制皮肤。用COPIC R000 为人体着色，然后用COPIC R00 着重表现眉弓、鼻头、鼻底、眼窝、唇底和颧骨侧面等部位，并绘制出手部、躯干和腿部的暗部。

step *04* 刻画头部。用COPIC R11 强调五官的暗部，然后用COPIC C-5 绘制瞳孔和眉毛，接着用COPIC R22 和COPIC R11 绘制眼影和唇部。再用COPIC R22 加深眼影，并在鼻头处轻点。最后用COPIC C-3 绘制头发的底色。

step 05 完成头部。用 COPIC C-5 ▬ 加深头发暗部的颜色，然后用针管笔（0.05mm）棕色 ▬ 再次勾勒五官的轮廓，接着用针管笔（0.05mm）黑色 ▬ 描绘眼线、睫毛、眉毛和头发。

·提示·

在绘制挡在面部的头发时，要保持线条的流畅，且颜色要淡一些，发际线位置的颜色可以深一些。

step 06 绘制饰品。用 COPIC C-3 ▬ 和 COPIC C-5 ▬ 为项链和耳饰着色，并用秀丽笔（M）黑色 ▬ 加深饰品的颜色，然后用樱花高光笔 ▬ 点出饰品上的高光部位。

step 07 绘制袖子。用 COPIC C-2 ▬ 绘制袖子的底色，然后用 COPIC C-3 ▬ 叠加暗部。在绘制造型饱满的泡泡袖和起伏的褶皱时，要在凸起的地方适当留白。

·提示·

本例的整体颜色较为简洁，在绘制时要保持笔触的一致性。

step 08 叠加颜色。用 COPIC C-2 ▬ 轻扫蕾丝部位，并进行大面积着色，然后用 COPIC C-5 ▬ 和 COPIC C-7 ▬ 加深袖子的暗部，接着用 COPIC C-3 ▬、COPIC C-5 ▬ 和 COPIC C-7 ▬ 绘制鞋，再用 COPIC C-5 ▬ 扫出脚下的阴影。

step *09* 绘制裙子。用 COPIC C-3 ▨▨ 和 COPIC C-5 ▨▨ 对裙子蕾丝的暗部进行叠加，包括身体和手臂的交界处、双腿侧面和双腿交叠处、袖子在裙子上产生的投影，以及一些面料重叠的部位。

step *10* 勾勒蕾丝。用秀丽笔（M）黑色 ▨▨ 勾勒蕾丝花纹，注意对纹理疏密关系的表达，线条不可太密集。可对裙摆进行虚化处理，用随意的线条表现飘逸的蕾丝。将蕾丝勾勒好之后，强调服装其他结构的轮廓，加深服装暗部的结构线。

step *11* 调整画面。用之前用到的灰色对画面的整体颜色进行调整，并绘制阴影。然后用樱花高光笔 ▨▨ 添加服装和配饰上的高光，再以点的形式绘制蕾丝上的小水钻，表现出闪耀的珠光。接着用 COPIC B93 ▨▨ 勾勒背景，突出人物。

9.5 浅色蕾丝套装——高光勾勒法

绘制要点

本例绘制的是一款浅色蕾丝套装。蕾丝的花型非常丰富，既有连续的重复花型，也有结构繁杂的独立花型。因此，在绘制时可以先画出灰色的底色，并表现出明暗关系，然后用高光笔勾勒蕾丝图案。

工具

自动铅笔、软橡皮、硬橡皮、秀丽笔、针管笔、康颂马克笔专用纸、COPIC 马克笔和樱花高光笔。

色卡展示

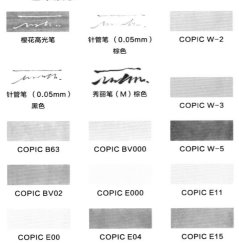

樱花高光笔	针管笔（0.05mm）棕色	COPIC W-2
针管笔（0.05mm）黑色	秀丽笔（M）棕色	COPIC W-3
COPIC B63	COPIC BV000	COPIC W-5
COPIC BV02	COPIC E000	COPIC E11
COPIC E00	COPIC E04	COPIC E15

9.5.1 技法说明

高光勾勒法，顾名思义就是用高光笔对纹理进行勾勒的方法。由于高光笔的颜色单一，且覆盖性较强，尤其是在底色越深的地方显色越明显。因此，在绘制时可先铺上服装的底色，再用马克笔表现服装的结构和明暗关系，最后用高光笔勾勒纹理，表现蕾丝面料的纹理和质感。

9.5.2 绘制步骤

step 01 绘制草稿。用铅笔绘制模特的走姿，在此基础上绘制模特的五官、发型和服装结构。模特穿的是平底鞋，根据近大远小的透视原理，可以将鞋头夸大，更加突出鞋子的稳重感。

step 02 勾勒线稿。用针管笔（0.05mm）棕色 勾勒人体的轮廓、五官、头发和服装，然后用秀丽笔（M）棕色 勾勒皮靴和挎包，注意线条的粗细变化。

step 03 绘制皮肤。用COPIC E000 绘制皮肤的底色，包括被服装遮挡的部位，然后根据面部结构，绘制皮肤的暗部。接着用COPIC E00 强调眉弓下方、鼻头、鼻底、颧骨下方、唇底、下巴底部、耳朵、胸部和腿部两侧等部位，增强人物的立体感，再绘制出服装在皮肤上产生的投影，包括胸前、手部和大腿的暗部。

step 04 刻画五官。用COPIC E11 绘制皮肤的暗部，然后用COPIC B63 为模特的眼球着色，接着用COPIC E04 绘制唇部，再用COPIC E11 描绘眉毛。

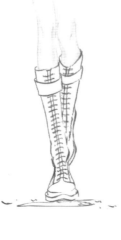

step *05* 完成五官。用针管笔
（0.05mm）棕色 勾
勒面部轮廓的暗部，并点上
一些小痣，然后用针管笔
（0.05mm）黑色 勾
勒眼线、瞳孔、睫毛和眉毛，
再用樱花高光笔 点出
瞳孔和唇部的高光部位。

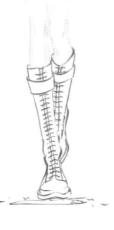

step *06* 绘制头发。用COPIC E11
绘制头发的底色，可将头发分组，并注
意头发搭在肩上的弧度变化。

· 提示 ·

可将头发分组进行
绘制，表现出头发的层
次感。

step *07* 完成头发。用COPIC
E15 沿着发丝走
向绘制出暗部，通常被遮
挡和凹陷的部位是暗部，
暗部的颜色较深，发尾的
颜色较浅。最后用针管笔
（0.05mm）棕色
绘制出一些细碎的发丝。

step *08* 绘制底色。用COPIC
W-2 绘制服装的底
色，注意笔触的方向要保
持一致，不然会显得凌乱，
当绘制到暗部时，力度可大
一些。

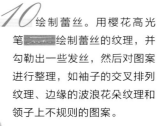

step *09* 叠加暗部。用 COPIC W-3 ▨ 为服装着色，表现出服装的明暗关系，增强服装的立体感。然后用 COPIC W-5 ▨ 着重强调暗部和服装结构，如腰部两侧、上衣遮挡裤子的部位和服装上的褶皱设计。

· 提示 ·
这一步，要使用马克笔将服装的明暗关系表达清楚，并加大明暗的对比。

step *10* 绘制蕾丝。用樱花高光笔 ▨ 绘制蕾丝的纹理，并勾勒出一些发丝，然后对图案进行整理，如袖子的交叉排列纹理、边缘的波浪花朵纹理和领子上不规则的图案。

· 提示 ·
在使用高光笔绘制时，注意不要用手碰到画面，以免使画面变花。

· 提示 ·
本例中，服装的风格较清新，因此选用的颜色较少，且饱和度较低，这样就可让整体的绘画风格保持统一。

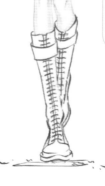

step *11* 绘制配饰。用 COPIC BV000 ▨ 以平涂的方式绘制挎包和鞋，然后用 COPIC BV02 ▨ 加深暗部。接着用 COPIC B63 ▨ 加深最暗的部位，再用秀丽笔（M）棕色 ▨ 绘制挎包的底部和鞋的底部，并用虚线绘制出挎包的工艺线。

step *12* 调整修饰。用 COPIC W-5 ▨ 加深服装的暗部，然后用 COPIC E11 ▨ 加深服装在人体上产生的投影。接着用 COPIC E15 ▨ 以提压的方式绘制背景的线条，再用 COPIC E11 ▨ 和 COPIC E15 ▨ 绘制脚下的暗部，增强人物的立体感。最后整理细节并绘制出耳饰。

CHAPTER 10

第10章

蓬松毛羽
类材质的
绘制技法

10.1 材质表现分析及绘前注意事项

第 10 章主要讲解蓬松毛羽类材质的绘制技法。在表现蓬松毛羽类材质时，我们需要注意以下几点。

第一点：要表现出丰满和厚重的视觉感受。

人体的轮廓几乎完全被厚实的面料所遮盖，在绘制人体时，要注意人体比例的准确性；在绘制服装时，要注意不同种类毛羽的厚度是不同的。在表现毛羽材质的时候，不要忽略了人体的起伏对毛羽方向所产生的影响。

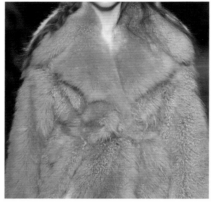

第二点：要注意对毛羽柔软度的表现。

毛羽的质感柔软，整体的笔触需以曲线为主，并且用细尖的笔触收尾。在绘制转折处时，要用圆润的线条表现，而不要出现折线和平直的线条。

第三点：要表现出垂坠感较强的视觉感受。

在绘制时，可以通过毛羽的走向及其疏密程度来体现垂坠感。

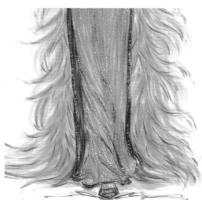

第四点：要表现出色彩柔和和光泽度高的视觉感受。

在绘制时，可先用大笔触绘制底色，表现出皮草的基本色，然后用较深的颜色塑造服装的明暗面，接着绘制出分簇状的毛羽，再用较细的笔触绘制毛羽的形状和肌理。

第五点：要表现出毛羽的立体感强和蓬松的视觉感受。

在绘制时，可用粗细不同的曲线塑造毛羽的质感，并注意虚实的对比，有时用较淡的底色与概括性的笔触搭配也可表现出毛羽蓬松的特点。

第六点，要注意对带有自然属性图案的表现。

通常毛羽类材质取材于动物的皮毛，图案是自然形成的。因此，在绘制时要注意色彩之间的过渡要柔和。

10.2 纯色长羽毛披风——软头拖笔法

绘制要点

本例绘制的是一款纯色长羽毛披风。该服装款式看上去很复杂，但整体性很强。在绘制时，可先从浅色开始，以拖笔的方式绘制服装的底色，然后用更深的颜色进行叠加，通过改变笔触的疏密和颜色的深浅来表现羽毛的形状和垂坠感。在绘制羽毛时，要注意线条的走向及其疏密关系。

工具

自动铅笔、软橡皮、硬橡皮、针管笔、秀丽笔、康颂马克笔专用纸、COPIC 马克笔、樱花高光笔、三菱高光笔和 COPIC 高光墨水。

色卡展示

樱花高光笔　　　　　三菱高光笔

针管笔（0.05mm）　　针管笔（0.05mm）
棕色　　　　　　　　黑色

秀丽笔（M）棕色　　　COPIC C-3

COPIC E11　　　　　COPIC E15

COPIC E18　　　　　COPIC E33

COPIC R000　　　　 COPIC R00

COPIC R02　　　　　COPIC R11

OPIC R14

COPIC R20

10.2.1 技法说明

软头拖笔法指的是利用马克笔的软头，在起笔时力度小一些，然后逐渐加大力度并将笔在纸上拖曳，在收笔时逐渐减小力度，在纸上形成两头细、中间粗的笔触的一种方法。在绘制毛羽类服装时，可以使用此技法表现羽毛的形状，并通过改变笔触的方向和颜色，表现出羽毛的空间感。

10.2.2 绘制步骤

step 01 给人体起形。用铅笔起稿，绘制人体比例和结构，然后根据"三庭五眼"的比例绘制五官，接着绘制头发，注意表现出头顶处头发的蓬松度，再绘制服装，注意裙子会被抬起的臀部顶起，最后根据羽毛的走向用弯曲的线条概括羽毛披风。

step 02 勾勒线稿。用针管笔（0.05mm）棕色 ▬▬ 勾勒面部、头发、鞋子和服装，注意不需要勾勒羽毛部分。待画面干后，用橡皮擦掉铅笔线稿。

step 03 绘制皮肤。用 COPIC R000 ▬▬ 以平涂的方式绘制皮肤，然后根据面部结构，用 COPIC R00 ▬▬ 叠加在眼窝、鼻底、双颊、脸与颈部的交界处，并且强调胸部的暗部。

step 04 刻画五官。用 COPIC
C-3 绘制眼球，然
后用 COPIC R20
绘制眼影，并用 COPIC
R20 和 COPIC
R14 绘制唇部，接
着用 COPIC E15
描绘眉毛。待面部着色完
成后，用针管笔（0.05mm）
棕色 再次勾勒眉
毛和五官，并用针管笔
（0.05mm）黑色
勾勒眉毛、眼线和瞳孔，
最后用樱花高光笔
绘制瞳孔、唇部和鼻子的
高光部位。

step 05 绘制头发。用
COPIC E11
绘制头发的底色，
注意在头顶处适当
留白，表现出头发
的蓬松感，然后用
COPIC E15
沿发丝的走向绘制
暗部，并在头发凸起
的部分适当留白，在
头发相交的部位会
形成比较窄的投影
面，也需要对此处进
行加深。

step 06 完成头发。用 COPIC E18 加深头发的暗
部，并用 COPIC E11 的软头进行晕染，使头
发的颜色过渡更自然，然后用 COPIC E33 绘
制头饰和耳饰，再用樱花高光笔 以点画的方式
绘制出高光部位。

step 07 绘制长裙。用 COPIC R00 轻扫裙子，并
用 COPIC R11 的软头沿面料的走向强调暗
部和褶皱的位置，注意模特的右腿是向前伸的，裙子
在脚踝的部位会产生褶皱，需整理好褶皱的层次。

step *08* 加深颜色。用COPIC R02 ▨ 强调褶皱部位，并将笔立起绘制纵向的线条，表示纹理。

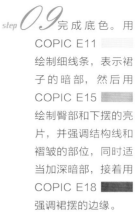

step *09* 完成底色。用 COPIC E11 ▨ 绘制细线条，表示裙子的暗部，然后用 COPIC E15 ▨ 绘制臀部和下摆的亮片，并强调结构线和褶皱的部位，同时适当加深暗部，接着用 COPIC E18 ▨ 强调裙摆的边缘。

·**提示**·

在叠加颜色时，笔触的方向要与底色笔触的方向保持一致。

step *10* 绘制亮片。用樱花高光笔 ▨ 沿着纵向的线条绘制点，用横向的点表示腰带，点的大小和疏密要有相应的变化，不用排列得太整齐。

·**提示**·

在绘制长裙时，颜色可以深一些，这样就可以与羽毛材质的披风区分开来。

step *11* 完成裙子。用 COPIC R11 ▨ 、COPIC R02 ▨ 和 COPIC E11 ▨ 绘制裙子的底色，然后用三菱高光笔 ▨ 着重强调亮片的高光。

step *12* 绘制披风。用软橡皮将铅笔线条擦淡，然后用 COPIC R00 ▭ 以拖笔的方式描绘出羽毛的大致方向，再用 COPIC R11 ▭ 绘制羽毛的暗部。

· 提示 ·

这一步绘制的是羽毛的底色，因此还看不出羽毛明显的明暗关系。

step *13* 强调层次。用 COPIC R02 ▭ 进一步叠加羽毛的颜色，注意画羽毛时起笔和收笔的位置大致在一条纵向的线条上，并向两边发出。

step *14* 调整修饰。用 COPIC E15 ▭ 和 COPIC E18 ▭ 绘制披风边缘和内侧的位置，然后用三菱高光笔 ▭ 绘制亮片，接着用 COPIC E11 ▭ 再次叠加羽毛的颜色，使羽毛的颜色更加丰富，再用 COPIC E15 ▭ 绘制下摆拖地的羽毛部位，并以纤细的线条表现羽毛起笔和收笔的位置以及边缘，最后用 COPIC E18 ▭ 勾勒羽毛的边缘。

step *15* 完成画面。用 COPIC E15 ▭ 和 COPIC E18 ▭ 绘制鞋，并用三菱高光笔 ▭ 绘制亮片，然后用含水的尖头毛笔蘸取 COPIC 高光墨水轻扫羽毛的位置，增强羽毛的丰富度和蓬松感，接着对羽毛的边缘进行延伸处理，营造羽毛的飘逸感，并在长裙的亮片部位绘制一些点，再用 COPIC R11 ▭ 、COPIC E15 ▭ 和秀丽笔（M）棕色 ▭ 绘制脚下的阴影，最后用秀丽笔（M）棕色 ▭ 选择性地勾勒一些线条（如长裙下摆和腰部等部位）。

10.3 飘逸鸵鸟毛纱裙——立笔细描法

扫 码 看 视 频

绘制要点

本例绘制的是一款飘逸的鸵鸟毛纱裙。在绘制时，要表现出人体的动态和羽毛的飘逸感。可先通过纤细的笔触表现羽毛的质感，再根据明暗关系和羽毛的方向表现出手臂的动态。在绘制身上的亮片时，可在深色的底色上绘制出高光，让亮片呈现出反光效果。

工具

自动铅笔、软橡皮、硬橡皮、针管笔、秀丽笔、康颂马克笔专用纸、COPIC 马克笔、樱花高光笔和三菱高光笔。

色卡展示

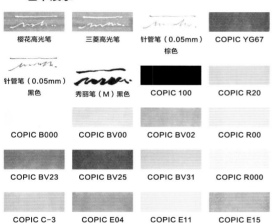

樱花高光笔	三菱高光笔	针管笔（0.05mm）棕色	COPIC YG67
针管笔（0.05mm）黑色	秀丽笔（M）黑色	COPIC 100	COPIC R20
COPIC B000	COPIC BV00	COPIC BV02	COPIC R00
COPIC BV23	COPIC BV25	COPIC BV31	COPIC R000
COPIC C-3	COPIC E04	COPIC E11	COPIC E15

10.3.1 技法说明

立笔细描法指的是将笔尖立起，通过马克笔的软头细致地描绘出羽毛的走向的一种方法。在绘制根根分明的羽毛时即可使用此技法，通过弯曲的细线条表现羽毛飘逸的质感。在绘制时，要注意羽毛的颜色是由浅至深进行叠加的，羽毛起笔和收笔位置的颜色较深，中间部位的颜色较浅，这样才能突出羽毛的蓬松感。

10.3.2 绘制步骤

step **01** 绘制草稿。用铅笔绘制出模特的走姿，然后绘制出五官、蝴蝶结、上衣和裙子，接着用铅笔简单地绘制出羽毛的走向。在绘制纱裙的褶皱时，要注意纱裙受腿部的影响会向腿的内侧和外侧散开。

step **02** 勾勒线稿。用针管笔（0.05mm）棕色▨▨▨勾勒五官和手脚的轮廓，在勾勒被羽毛和纱质面料遮挡的部位时，可减小力度，然后用针管笔（0.05mm）黑色▨▨▨勾勒服装，不需要勾勒羽毛和纱质部位。待画面干后，用橡皮将铅笔线稿擦除。

step **03** 绘制皮肤。用COPIC R000▨▨▨绘制皮肤的底色，然后用COPIC R00▨▨▨绘制眉弓下方、鼻底、额头侧面和颧骨下方的阴影，增强五官的立体感，并强调手部和腿部的暗部，注意将蝴蝶结和细带装饰在人体上产生的投影表现出来，再用COPIC E04▨▨▨进一步加深暗部，并用浅色晕开。

step **04** 绘制五官。用COPIC YG67▨▨▨绘制绿色的眼球，然后用COPIC R20▨▨▨绘制唇部和指甲，并以晕染的方式绘制出眼影和眉骨下方的暗部，接着用COPIC E15▨▨▨描绘眉毛，并用针管笔（0.05mm）棕色▨▨▨强调五官的轮廓，再用针管笔（0.05mm）黑色▨▨▨勾勒眼线、瞳孔和眉毛，最后用樱花高光笔▨▨▨绘制瞳孔、鼻梁和下唇的高光部位。

step *05* 绘制头发。用 COPIC E11 ▦ 绘制头发的底色，然后用 COPIC E15 ▦ 沿着头发的走向加深头发的暗部。由于头发较直顺，因此要加强头部的立体感。

step *06* 绘制胸衣。用 COPIC BV31 ▦ 绘制蝴蝶结和紧身胸衣的底色，然后用 COPIC BV02 ▦ 绘制蝴蝶结的暗部，接着用 COPIC BV23 ▦ 再次加深蝴蝶结和胸衣的暗部，并用樱花高光笔 ▦ 绘制蝴蝶结的高光部位，最后用 COPIC BV31 ▦ 铺一层底色。

step *07* 完成胸衣。用 COPIC 100 ▦ 绘制腰带，从腰部两侧向中间扫，然后用秀丽笔（M）黑色 ▦ 在胸衣上绘制大小不一的点，并勾勒胸衣的边缘，接着用三菱高光笔 ▦ 在胸衣上绘制大小不一的点，并在腰带上绘制整齐排列的点，营造出亮片的视觉效果。

· 提示 ·

绘制完亮片后，底色不会很明显，可以待高光笔绘制的颜色干后，用马克笔加深暗部。

step *08* 绘制羽毛。用软橡皮擦淡羽毛的铅笔线稿，然后用 COPIC BV23 ▦ 沿着羽毛的走向描绘，接着用 COPIC BV02 ▦ 继续绘制羽毛，提亮羽毛的颜色。

step *09* 叠加暗部。用 COPIC BV31 ▭ 细致地描绘羽毛，然后用 COPIC B000 ▭ 调整颜色，注意不要绘制得太白。

step *10* 完成羽毛。用 COPIC BV23 ▭ 描绘羽毛，增强羽毛的蓬松感，然后将纱裙的铅笔线稿擦淡，为下一步的绘制做准备。

step *11* 绘制纱裙。用 COPIC BV00 ▭ 叠加在纱裙的暗部，包括臀部两侧和腿部两侧，注意要沿着纱质的走向绘制，然后明确裙摆的外轮廓。

· 提示 ·

在下笔之前，要先构思好画面大致的明暗关系，以免使用太多的笔触使画面变脏。

step **12** 整理纹理。用 COPIC BV23 ▧ 绘制
纱裙上的亮片，并用 COPIC E04 ▧ 绘制
露出的肤色，再用 COPIC BV31 ▧ 调整
整体的颜色，使颜色的过渡更自然。

step **13** 加深暗部。用 COPIC BV25 ▧ 加深蝴蝶
结、羽毛、胸衣和纱裙的暗部，尤其要注意胸衣在
纱裙上产生的投影，然后用 COPIC C-3 ▧ 和
COPIC BV02 ▧ 调整纱裙的颜色。

step **14** 调整修饰。用 COPIC BV00 ▧
和 COPIC BV02 ▧ 绘制手包，然后
用樱花高光笔 ▭ 绘制羽毛，表现出轻
盈的视觉感受，接着用三菱高光笔 ▭
绘制纱裙上的亮片，再用针管笔（0.05mm）
黑色 ▭ 和秀丽笔（M）黑色 ▭ 调
整服装的结构线，完成绘制。

10.4 墨绿色羽毛抹胸裙——软头按提法

扫码看视频

绘制要点

本例绘制的是一款墨绿色羽毛抹胸裙，其亮粉色纱质裙边增强了画面的冲击力。在绘制时要注意两大要点：一是采用特殊的笔触表现羽毛的材质，既要表达清楚裙子整体的廓形，还要表现出羽毛的疏密关系；二是绘制羽毛的笔触应以点为主，裙子下摆部位的笔触以线为主，以形成对比的效果。

工具

自动铅笔、软橡皮、硬橡皮、针管笔、彩色针管笔、秀丽笔、康颂马克笔专用纸、COPIC 马克笔和樱花高光笔。

色卡展示

樱花高光笔

针管笔（0.05mm）棕色

针管笔（0.05mm）黑色

秀丽笔（M）黑色

彩色针管笔 33

彩色针管笔 65

COPIC 100	COPIC B02	COPIC BG34
COPIC BG49	COPIC C-3	
COPIC E15	COPIC E33	
COPIC E41	COPIC E43	
COPIC R20	COPIC RV04	
COPIC RV06	COPIC V17	
COPIC YR000	Copic YR00	

10.4.1 技法说明

　　软头按提法是利用马克笔软头的特殊性,在起笔时用力将笔头按下去,然后提笔以形成水滴状笔触的一种绘制方法。在绘制椭圆状羽毛时,可以使用此技法。具体是先绘制出羽毛的底色,然后利用按提法加强羽毛的形状。

10.4.2 绘制步骤

step **01** 给人体起形。用铅笔起稿,绘制出模特的动态,通过肩、腰、臀的关系表现出人在走动时髋部摆动的样子。由于有裙撑,因此可以将手臂画得离人体稍远一些。在绘制服装轮廓时,注意对裙撑处圆润感的表现。

step **02** 勾勒线稿。用针管笔(0.05mm)棕色 ▬▬ 勾勒出五官、发型、人体的轮廓、腿部和鞋,然后用秀丽笔(M)黑色 ▰▰ 勾勒出手包的轮廓。

step **03** 绘制皮肤。用COPIC YR000 ▬▬ 以平涂的方式绘制皮肤,然后用COPIC YR00 ▬▬ 着重表现眉弓、鼻头、鼻底、眼窝、唇底和颧骨侧面等部位,并加深颈部、锁骨、手臂内侧和腿部的暗部。

step 04 刻画五官。用COPIC R20 强调鼻头、眼窝、唇底和身体各部位的暗部，以晕染的方式让肤色的过渡更自然，然后用COPIC C-3 绘制瞳孔，并用COPIC R20 绘制眼影和唇部，在鼻头的位置也轻轻点一下，接着用COPIC E15 绘制眉毛，并用针管笔（0.05mm）棕色 再次勾勒五官，使五官的轮廓更加明确，再用针管笔（0.05mm）黑色 勾勒眼线、睫毛、眉毛和瞳孔，最后用樱花高光笔 绘制瞳孔、鼻梁和下唇的高光部位。

step 05 绘制头发。用COPIC E41 绘制头发的底色，在头发的分缝线处适当留白，然后用COPIC E43 沿着发丝的走向绘制暗部，如耳朵下方和颈部后方等部位，接着用COPIC E33 再次强调头发的暗部，再用针管笔（0.05mm）棕色 勾勒一些发丝，最后用樱花高光笔 绘制头顶和飞起的发丝上的高光部位。

step 06 绘制服装。用COPIC BG34 的宽头以扫笔的方式绘制裙子的底色，并适当留白，注意对裙撑立体感的表现。

step 07 增加笔触。用COPIC BG34 的软头以按提的方式进一步叠加裙子的底色，腰部的颜色可以深一些，然后大致概括出羽毛的结构。

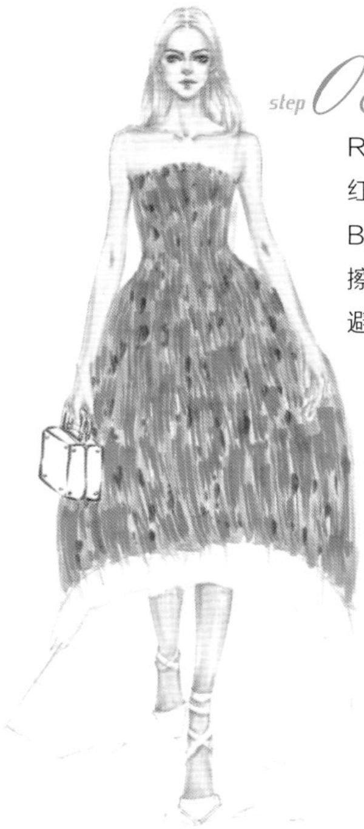

step 08 添加颜色。用 COPIC RV06 绘制裙子上的红色部位，然后用 COPIC BG49 的宽头以刮擦的方式叠加底色，注意避开裙子上的红色部位。

step 09 绘制羽毛。用 COPIC BG49 的软头以按提的方式绘制羽毛，不要将羽毛排列得太整齐，要表现出圆润的感觉。

step 10 绘制纱裙。用 COPIC RV04 的宽头绘制纱质部位的底色，然后用 COPIC RV06 叠加在颜色较深的部位，可在纱质部分适当留白。

step 11 绘制配饰。用 COPIC 100 、COPIC V17 、COPIC RV04 、COPIC RV06 和 COPIC B02 绘制手包，然后用 COPIC YR00 绘制鞋的底色，再用 COPIC R20 加深鞋的暗部。

step *12* 调整修饰。用彩色针管笔 65  绘制羽毛的纹理，然后用彩色针管笔 33 勾勒纱裙的边缘，并对整个画面进行调整，再用樱花高光笔 绘制手包和鞋的亮部。

step *13* 完善画面。用樱花高光笔 绘制羽毛上的高光部位，然后用 COPIC R20 绘制与羽毛相衔接的纱质部位，最后绘制脚下的阴影。

10.5 高级灰皮草大衣——强调边缘法

绘制要点

本例绘制的是一款高级灰皮草大衣。该服装采用的是低饱和度的绿色与低饱和度的粉色相搭配，让画面简单又不单调。在绘制皮草时，可先用浅色绘制底色，然后用深色勾勒边缘，以表现出皮草柔软的特性和针毛的质感。

工具

自动铅笔、软橡皮、硬橡皮、秀丽笔、针管笔、康颂马克笔专用纸、COPIC 马克笔、樱花高光笔、COPIC 高光墨水。

色卡展示

樱花高光笔	针管笔（0.05mm）棕色
针管笔（0.05mm）黑色	COPIC BG10
COPIC BG72	COPIC C-2
COPIC C-3	COPIC E15
COPIC G85	COPIC R000
COPIC R00	COPIC R11
COPIC R81	COPIC RV34
COPIC Y21	COPIC Y28
COPIC YG23	COPIC YG41

10.5.1 技法说明

　　强调边缘法指的是用线条勾画出皮草表面的针毛，这也是绘制毛羽类服装的重要方法。毛羽类服装通常立体感强，针毛蓬松。在绘画作品时，讲究虚实的对比，为淡淡的底色加上几根线条就可以表现出蓬松的特征，有时还可以通过深色的背景衬托出毛羽轻盈的感觉。

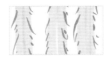

10.5.2 绘制步骤

step **01** 绘制草稿。用铅笔起稿，绘制出人体的结构和走姿，然后绘制出皮草的轮廓，可以大致描绘出皮草的方向，注意肩部稍倾斜和下摆因走动而产生的褶皱。

step **02** 勾勒线稿。用针管笔（0.05mm）棕色勾勒出人体的轮廓、五官、头发和腿脚裸露的部位，然后用针管笔（0.05mm）黑色勾勒手包和鞋，线条可以绘制得直一些。待画面干后，擦掉除皮草部位之外的铅笔线稿。

step **03** 绘制皮肤。用COPIC R000绘制皮肤的底色，然后用COPIC R00强调眼窝、鼻头、鼻底、颧骨下方、唇底、下巴底部、耳朵和手脚等部位，并强调服装在手部和脚部的投影。

step *04* 刻画五官。用 COPIC R11 加深暗部，强调眼窝、鼻梁和服装在人体上面的阴影，然后用 COPIC G85 绘制瞳孔，并用 COPIC R81 和 COPIC RV34 绘制唇部，强调唇中缝的投影，接着用 COPIC E15 绘制眉毛，并用针管笔（0.05mm）黑色 描绘眼线、瞳孔、睫毛和眉毛，再用针管笔（0.05mm）棕色 勾勒五官的轮廓，最后用樱花高光笔 绘制瞳孔、鼻梁和下唇的高光部位。

step *05* 绘制头发。用 COPIC Y21 绘制头发的底色，注意在绘制分缝线和头发凸起的部位时，下笔要轻一些，然后用 COPIC Y28 沿着发丝的走向强调头发的暗部，通常头发凹陷的部位为暗部，要表现出卷发的视觉感受。对搭在肩膀上的发尾可分组绘制，这样发丝才不会显得凌乱，再用樱花高光笔 绘制头顶和头发凸起的部位，趁未干时用手抹开。

step *06* 绘制底色。用 COPIC BG10 的宽头绘制服装的底色，颜色深的部位可以多叠加几遍，然后用软头强调服装的结构和褶皱。

step *07* 叠加颜色。用 COPIC BG10 的软头加深颜色较深的部位，然后用 COPIC C-2 描绘服装的结构线，强调服装的边缘和褶皱。

step 08 刻画细节。用 COPIC BG72 ▨▨▨ 勾勒皮草的边缘，并注意针毛的朝向，然后用 COPIC C-3 ▨▨▨ 绘制服装的暗部，如领子下方的投影等，再用 COPIC C-2 ▨▨▨ 和 COPIC BG10 ▨▨▨ 调整皮草的底色。

step 09 绘制饰品。用 COPIC R81 ▨▨▨ 绘制手提包的底色，然后用 COPIC RV34 ▨▨▨ 强调手提包的暗部，接着用 COPIC YG23 ▨▨▨ 绘制鞋的底色，再用 COPIC YG41 ▨▨▨ 加深鞋的暗部。

step 10 调整修饰。用樱花高光笔 ▨▨▨ 绘制曲线来表现皮草上的高光和质感，然后绘制出手提包和鞋上的高光，接着用 COPIC C-2 ▨▨▨ 和 COPIC C-3 ▨▨▨ 绘制脚的阴影，并用毛笔蘸取 COPIC 高光墨水对画面进行点缀。

CHAPTER
11

第11章

粗质牛仔
类材质的
绘制技法

11.1 材质表现分析及绘前注意事项

第 11 章主要讲解粗质牛仔类材质的绘制技法。在表现粗质牛仔类材质时，我们需要注意以下几点。

第一点：要表现出厚实的视觉感受。

牛仔布是一种厚实和耐磨的面料。牛仔服在早期是为矿工制作的工作服，缝纫明缉线是其重要的特征，对牛仔类服装起着加固缝口的作用，集实用性与装饰性于一体。在绘制时，需要仔细刻画缝纫明缉线和细碎的褶皱，以强调牛仔服的特征。

第二点：要注意对牛仔粗糙和硬质的表现。

牛仔布本身厚重且硬，粗糙感强，褶皱稀疏。有弹力的牛仔布一般较贴身，无弹力的牛仔布一般较宽松，绘制时应当用干净利落的直线或折线表现，以展现服装的外形轮廓。

第三点：要表现出悬垂性较差的视觉感受。

服装的外轮廓对人体结构的覆盖性较强，硬质的服装外形轮廓会掩盖人体曲线。在表现牛仔面料的悬垂性时，只需用少量的衣褶线或表明明暗关系即可。

第四点：要表现出色彩丰富的视觉感受。

牛仔布的色彩种类丰富，有浅蓝色、黑色、白色和彩色等。在绘制时，要表现出各种颜色的特征。

第五点：要注意对牛仔布肌理感的表现。

牛仔布以斜纹为主，织纹清晰。经过漂、洗和磨等现代工艺的处理后，有水洗磨白和破洞等效果。在绘制斜纹和磨白的效果时，可以使用彩色铅笔进行细致的刻画。

第六点：要注意对图案丰富效果的表现。

牛仔布除了讲究洗水的变化，还非常重视对装饰工艺的处理。可以对牛仔的毛边进行做旧、烫钻、贴布绣和胶浆印等处理，露出布坯本身的色彩，使其呈现出被渲染的效果。

11.2 粗质牛仔外套——笔触叠加法

绘制要点

本例绘制的是一款粗质牛仔外套。搭配连体泳衣,以上宽下窄的造型展现出模特下半身的修长。牛仔面料较为挺括、硬朗,在绘制时,要把服装的廓形描绘清楚。同时,要将手臂挽起的袖子产生的褶皱和接缝处加固的明线表现出来,以强调牛仔服的特征。

工具

自动铅笔、软橡皮、硬橡皮、针管笔、彩色针管笔、秀丽笔(M)黑色、康颂马克笔专用纸、COPIC 马克笔和樱花高光笔。

色卡展示

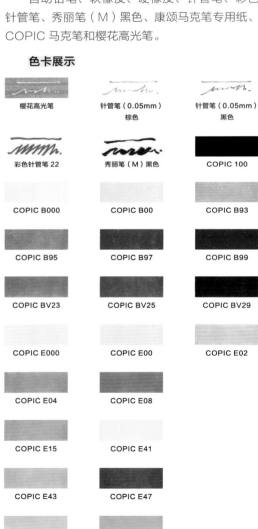

樱花高光笔	针管笔(0.05mm)棕色	针管笔(0.05mm)黑色
彩色针管笔 22	秀丽笔(M)黑色	COPIC 100
COPIC B000	COPIC B00	COPIC B93
COPIC B95	COPIC B97	COPIC B99
COPIC BV23	COPIC BV25	COPIC BV29
COPIC E000	COPIC E00	COPIC E02
COPIC E04	COPIC E08	
COPIC E15	COPIC E41	
COPIC E43	COPIC E47	
COPIC V01	COPIC V12	

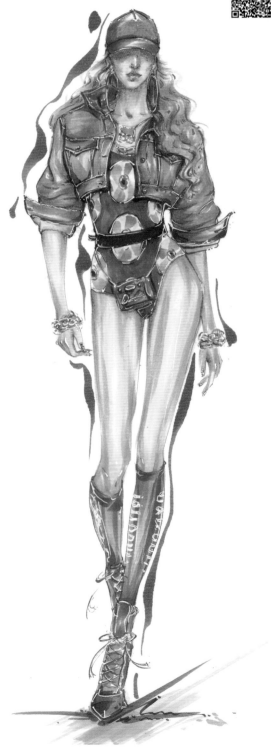

11.2.1 技法说明

笔触叠加法指的是使用马克笔绘制不同的笔触，让笔触之间进行叠加的一种方法。在运笔的过程中，用笔次数不宜过多。待上一层颜色干透后，再进行下一层的上色，以免色彩渗出而形成混浊状。马克笔的笔触大多以排线为主，也有扫笔、点笔和跳笔等多种表现方式，在时装画绘制中可以综合运用。

11.2.2 绘制步骤

step *01* 给人体起形。绘制草稿，用铅笔概括出人体的轮廓，用转折、肯定和有力的线条表现牛仔服的挺括、硬朗，然后用弯曲的线条表现内搭贴合人体的形态，接着用卷曲纤细的线条表现卷曲蓬松的头发。注意袜子几乎贴合人体，能展现出小腿的弧度。

step *02* 勾勒线稿。用软橡皮擦淡铅笔线稿，然后用针管笔（0.05mm）棕色 ▨▨▨ 勾勒出人体的轮廓、头发、配饰和内搭的图案，接着用针管笔（0.05mm）黑色 ▨▨▨ 勾勒内搭和鞋袜的轮廓，再用秀丽笔（M）黑色 〰〰 勾勒牛仔外套，最后将铅笔线稿擦除，确保画面的整洁和干净。

> · 提示 ·
> 使用秀丽笔进行勾勒时，要注意线条的粗细变化，通常暗部的线条较粗。

> · 提示 ·
> 帽檐下方的暗部颜色较深，无须对眼睛进行细致的描绘。

step *03* 绘制皮肤。用COPIC E000  以平涂的方式绘制皮肤，然后根据面部结构，用COPIC E00 ▨▨▨ 强调帽檐下方、鼻头、鼻底、颧骨下方、唇底、下巴底部和身体各部位的暗部，接着用COPIC E02 ▨▨▨ 加深暗部，再用COPIC E04 ▨▨▨ 绘制暗部。

step *04* 完成头部。用COPIC V01 ▨▨▨ 和COPIC V12 ▨▨▨ 绘制唇部，注意上唇的颜色深一些，然后用COPIC E41 ▨▨▨、COPIC E43 ▨▨▨ 和 COPIC E47 ▨▨▨ 绘制卷曲头发的颜色，把握头发整体的体积，体现出空间感，接着用COPIC BV23 ▨▨▨ 绘制帽子的底色，并用COPIC BV25 ▨▨▨ 加深暗部，留出高光，再用彩色针管笔22 〰〰 绘制帽子上面的字母。

step 05 绘制上衣。用 COPIC
B000 为上衣着色，
然后用 COPIC B93
根据服装的结构进行不同方
向笔触的叠加，使服装的颜
色更丰富。

step 06 加深暗部。用 COPIC
B95 加深服装的暗
部，采用不同方向的笔触
进行叠加也能显示出牛仔
粗质和厚实的质感。

step 07 叠加暗部。用 COPIC
B97 绘制衣服上颜
色较深的点和袖口的皱褶。

step 08 完成上衣。用 COPIC
B99 再次叠加褶皱
的暗部和投影，然后用樱
花高光笔适当提亮接
缝线的亮面和服装的褶皱。

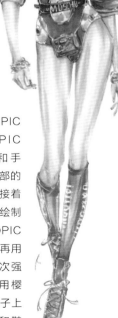

step **09** 绘制内搭。用 COPIC BV23 ▬ 以平涂的方式绘制内搭的底色，然后用 COPIC BV25 ▬ 加深暗部，接着用 COPIC BV29 ▬ 勾勒光盘图案的边缘，并用 COPIC B00 ▬ 、COPIC E43 ▬ 和 COPIC BV25 ▬ 绘制光盘的图案，再用 COPIC 100 ▬ 绘制腰带，并用樱花高光笔 写出腰带上的字母，进而提亮边缘。

step **10** 绘制鞋袜。用 COPIC BV23 ▬ 绘制底色，然后用 COPIC BV25 ▬ 强调暗部，接着用 COPIC E43 ▬ 绘制鞋头，再用 COPIC E47 ▬ 加深鞋头的暗部，强调立体感。

· 提示 ·

小腿处的袜子会随着肌肉进行拉伸，因此字母会根据小腿的弧度发生变形。

step **11** 绘制配饰。用 COPIC E15 ▬ 和 COPIC E47 ▬ 绘制胸前和手部的饰品，然后加深暗部的颜色，以体现立体感，接着用 COPIC E43 ▬ 绘制腰包的底色，并用 COPIC E15 ▬ 叠加暗部，再用 COPIC E47 ▬ 再次强调腰包的暗部，最后用樱花高光笔 ▬ 绘制袜子上的字母，并提亮配饰和鞋上的亮部。

· 提示 ·

服装整体颜色较深，用亮褐色绘制边缘，提亮画面的同时也能增强立体感。

step **12** 调整修饰。用 COPIC E08 ▬ 强调模特身体的边缘，然后用 COPIC E43 ▬ 绘制脚下的阴影，增强立体感。

11.3 磨白牛仔马甲——彩铅辅助法

绘制要点

　　本例绘制的是一款磨白牛仔马甲。上身搭配经典的格纹衬衣，下身搭配松口的长靴，给人以帅气的感觉。在绘制格纹衬衣时，因为没有太多的细碎褶皱，所以用格纹表现即可；在绘制牛仔马甲时，要表现出磨旧水洗的质感；在绘制长靴时，要表现出褶皱和明暗关系。本例整体适合采用较为清新的颜色进行表现。

工具

　　自动铅笔、软橡皮、硬橡皮、针管笔、彩色针管笔、彩色铅笔、康颂马克笔专用纸、COPIC 马克笔和樱花高光笔。

色卡展示

樱花高光笔	针管笔（0.05mm）棕色	针管笔（0.05mm）黑色
彩色铅笔 453	彩色针管笔 51	彩色针管笔 78
彩色针管笔 89	COPIC B00	COPIC B12
COPIC B18	COPIC E00	COPIC E11
COPIC E15	COPIC R000	
COPIC R00	COPIC R20	
COPIC R22	COPIC W-1	
COPIC W-2	COPIC W-5	

11.3.1 技法说明

　　彩铅辅助法，顾名思义就是借助彩色铅笔来辅助马克笔进行绘画，以达到我们所需要的画面效果的一种方法。马克笔上色速度快，但是在细节方面不如彩色铅笔表现好。在表现某些材质的质感时，如果单用马克笔，可能无法表现得太细腻，而借助彩色铅笔进行绘制就会得到很好的效果。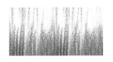

11.3.2 绘制步骤

step 01 给人体起型。用铅笔起稿，绘制出人体动态和服装的轮廓，然后根据"三庭五眼"的比例绘制出模特的五官，接着绘制头发，并表现出耳前和耳后头发的层次感。

> **·提示·**
>
> 画面的整体颜色较淡，因此肤色也选用较淡的颜色进行绘制。

step 02 勾勒线稿。用针管笔（0.05mm）棕色 勾勒头部、手部和腿部的轮廓，然后用彩色针管笔51 勾勒牛仔马甲，接着用彩色针管笔78 勾勒格纹服装，再用彩色针管笔89 勾勒长靴，注意在绘制长靴上的皱褶时，收笔要轻，以表现画面的细节。

step 03 绘制皮肤。用COPIC R000 绘制皮肤的底色，注意用色要均匀，然后用COPIC R00 叠加暗部的颜色，包括眼窝、眉弓下方、鼻头、鼻底、颧骨下方、下巴底部和膝盖的凹陷处，并加深上衣被腿部和手部遮挡产生的阴影，接着用COPIC R20 再次叠加暗部，注意颜色的过渡要柔和。

step *04* 刻画五官。用 COPIC B12 ▨▨ 绘制眼球，然后用 COPIC R20 ▨▨ 和 COPIC R22 ▨▨ 绘制唇部，接着用 COPIC E15 ▨▨ 描绘眉毛，并用针管笔（0.05mm）棕色 ▨▨ 再次明确五官和面部的轮廓以及根根分明的眉毛，再用针管笔（0.05mm）黑色 ▨▨ 描绘上下眼线，并挑几根眉毛，最后用樱花高光笔 ▨▨ 绘制瞳孔、鼻头和下唇的高光部位。

· 提示 ·

在绘制眼球时，眼球上部分较下部分的颜色深，同时可以在眼白处加一些粉色。

step *05* 刻画头发。用 COPIC E11 ▨▨ 扫出头发的轮廓，保持笔触的流畅，在绘制同一缕头发时可一笔完成，然后用铅笔加深头发的暗部，再用针管笔（0.05mm）棕色 ▨▨ 明确发丝的轮廓。

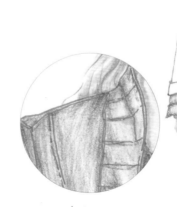

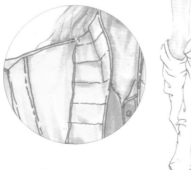

step *06* 绘制上衣。用 COPIC B00 ▨▨ 绘制牛仔马甲的底色，注意运笔的方向要一致，然后加深暗部的颜色，衬衣的颜色更深一些。

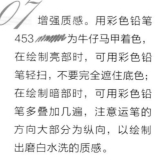

step *07* 增强质感。用彩色铅笔453 ▨▨ 为牛仔马甲着色，在绘制亮部时，可用彩色铅笔轻扫，不要完全遮住底色；在绘制暗部时，可用彩色铅笔多叠加几遍，注意运笔的方向大部分为纵向，以绘制出磨白水洗的质感。

step *08* 细致刻画。用彩色铅笔 453 ～～～ 刻画服装，加强服装的立体感并丰富色彩的层次，注意加深接缝线的暗部，体现服装微妙的起伏变化。

·提示·

在绘制牛仔马甲时，颜色不宜过多，因此要用彩色铅笔以叠加的方式，通过明暗对比表现出服装的结构。

step *09* 绘制长靴。用COPIC W-1 ▨ 绘制长靴的底色，然后用COPIC W-2 ▨ 刻画长靴的暗部，再用COPIC W-5 ▨ 加深暗部，并点出长靴上的镂空装饰。

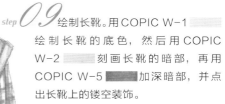

step *10* 绘制格纹。用铅笔轻轻地画出格纹的走向，然后用COPIC E00 ▨ 以平涂的方式绘制格纹衬衣，接着用COPIC E15 ▨ 绘制格纹，再用COPIC E11 ▨ 区分袖口翻折的部位。待画面干后，将铅笔线稿轻轻擦除。

·提示·

在绘制浅色的服装时，可加入少许深色，以表现出服装的层次感。

step *11* 修饰整体。对整个画面进行调整，用COPIC B18 ▨ 强调上衣的结构线，然后用COPIC W-5 ▨ 绘制脚下的阴影。

11.4 纯色牛仔套装——宽头扫笔法

绘制要点

本例绘制的是一款纯色牛仔套装。为模特搭配黑色的皮质贝雷帽，透出一股中性风。本例中，牛仔面料的颜色较纯，可以采用秀丽笔进行勾勒，表现出硬质服装的轮廓，然后用马克笔进行铺色。

工具

自动铅笔、软橡皮、硬橡皮、针管笔、秀丽笔（M）黑色、康颂马克笔专用纸、COPIC 马克笔和樱花高光笔。

色卡展示

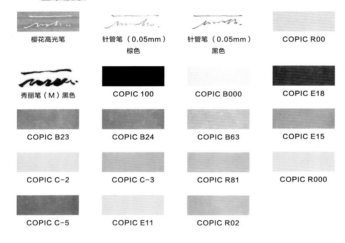

樱花高光笔	针管笔（0.05mm）棕色	针管笔（0.05mm）黑色	COPIC R00
秀丽笔（M）黑色	COPIC 100	COPIC B000	COPIC E18
COPIC B23	COPIC B24	COPIC B63	COPIC E15
COPIC C-2	COPIC C-3	COPIC R81	COPIC R000
COPIC C-5	COPIC E11	COPIC R02	

11.4.1 技法说明

宽头扫笔法，顾名思义就是利用马克笔的宽头以扫笔的方式进行绘制的方法。此方法适用于单色服装的绘制。通过控制笔尖与纸张的接触面，绘制出有宽窄变化的线条。宽头扫出的特殊笔触，可为画面增添趣味性和随机性。

11.4.2 绘制步骤

step *01* 给人体起形。用铅笔简单地勾勒出相对准确的人物轮廓和服装款式，并大致描绘出五官。注意要表现出包带在衣服上产生的褶皱和裤子裆部的褶皱。

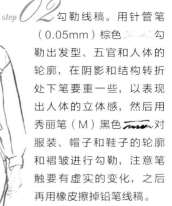

> **· 提示 ·**
>
> 该服装颜色比较单一，在绘制线稿时，要体现其立体感。

step *02* 勾勒线稿。用针管笔（0.05mm）棕色 ▨▨▨ 勾勒出发型、五官和人体的轮廓，在阴影和结构转折处下笔要重一些，以表现出人体的立体感，然后用秀丽笔（M）黑色 ▨▨▨ 对服装、帽子和鞋子的轮廓和褶皱进行勾勒，注意笔触要有虚实的变化，之后再用橡皮擦掉铅笔线稿。

step *03* 绘制皮肤。用COPIC R000 ▨▨▨ 以平涂的方式绘制皮肤的底色，然后用 COPIC R00 ▨▨▨ 着重表现五官的立体感，注意表现帽子在额头留下的阴影和项链产生的阴影，接着用 COPIC R02 ▨▨▨ 以扫笔的方式强调暗部，并以晕染的方式让肤色的过渡更自然。

step *04* 刻画五官。用COPIC B23 ▨▨▨ 绘制眼球，然后用 COPIC R81 ▨▨▨ 绘制唇部，注意不要涂到眼睑上，可在下唇适当留白，接着用 COPIC E15 ▨▨▨ 描绘眉毛，注意眉尾要细，眉头不要太重，再用针管笔（0.05mm）黑色 ▨▨▨ 描绘上下眼线和眉毛，并用针管笔（0.05mm）棕色 ▨▨▨ 绘制睫毛和其他五官，最后用樱花高光笔 ▨▨▨ 绘制眼球、鼻头和下唇的高光部位。

step 05 绘制底色。用 COPIC E11 绘制头发的底色，然后用 COPIC B24 根据服装的结构以扫笔的方式着色。

·提示·

用宽头笔上色时，速度要快，让笔触更有力度。

step 06 叠加暗部。用 COPIC E15 和 COPIC E18 绘制头发，可以将头发表现得随意一些，使其更有动感。

step 07 完成头发。用秀丽笔（M）黑色 绘制头发，然后用 COPIC B000 整理头发的轮廓，使头发与服装的颜色相融合。

·提示·

通常可以用灰色来表现黑色的服饰。

step 08 绘制帽子。用 COPIC C-3 绘制帽子的底色，然后用 COPIC C-5 强调帽子的暗部，自然地留出高光部位。

step 09 强调暗部。用 COPIC B24 ▰▰ 的软头以扫笔的方式加深服装的暗部，包括袖笼处、裆部、口袋处和褶皱部位，并强调服装的轮廓线，尤其是裤子前后的分界线，明确服装的结构，然后用 COPIC B63 ▰▰ 为内搭衬衣着色。

· 提示 ·
牛仔服的整体色调统一，可以通过不同的笔触塑造出立体感。

step 10 绘制配饰。用 COPIC C-2 ▰▰ 绘制袜子，然后用 COPIC C-3 ▰▰ 强调袜子的暗部，并把衣服扣子的细节补充完整，接着用 COPIC B24 ▰▰ 绘制扣子下方的暗部，再用 COPIC C-3 ▰▰ 绘制包带上有金属装饰的部分，并用 COPIC C-5 ▰▰ 强调暗部，表现出立体感，最后用 COPIC 100 ▰▰ 绘制出包带上的皮质部分和鞋，注意留出高光。

· 提示 ·
本例讲解的是一种快速表现的方法，因此对细节的表达不会特别细腻。

step 11 调整画面。用樱花高光笔 ▰▰ 绘制褶皱和服装的结构，利用大小不一的点概括包带上的装饰，并且勾勒一些发丝，增强画面的立体感。在绘制高光时，仍然要根据形体的结构和褶皱的走势来表现，以免笔触太过凌乱而破坏画面。

11.5 吊带牛仔连衣裙——扫笔留白法

绘制要点

本例绘制的是一款吊带牛仔连衣裙。裙子的结构和褶皱比较清晰明确，在绘制时需要注意胯部因动态所造成的高度变化而产生的褶皱，以及裙子破洞的部位。此外，还要处理好胸前装饰部位的细节，并将纱质内搭比较透的质感体现出来。

工具

自动铅笔、软橡皮、硬橡皮、针管笔、彩色针管笔、康颂马克笔专用纸、COPIC 马克笔和樱花高光笔。

色卡展示

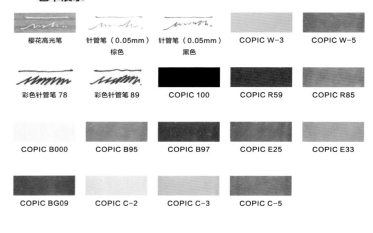

樱花高光笔	针管笔（0.05mm）棕色	针管笔（0.05mm）黑色	COPIC W-3	COPIC W-5
彩色针管笔 78	彩色针管笔 89	COPIC 100	COPIC R59	COPIC R85
COPIC B000	COPIC B95	COPIC B97	COPIC E25	COPIC E33
COPIC BG09	COPIC C-2	COPIC C-3	COPIC C-5	

11.5.1 技法说明

扫笔留白法，即借助马克笔的特殊性，以软头扫笔的方式在纸面上留下由深到浅的颜色和由粗到细的线条的方法。同向的若干线条越聚集，明暗对比越强烈。在运用此技法时，要大致预估好线条的落笔和收笔的距离，控制好力度、速度和方向。只要熟练运用笔触，就能轻松表现出所要的效果。

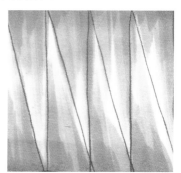

11.5.2 绘制步骤

step 01 绘制草稿。用铅笔绘制出人体结构和走姿。本例中，人物的右肩下压，胯部也向右抬起，人体重心落在右脚上，左腿因为向后弯曲会产生透视。因此，要简洁地概括出相对准确的人物轮廓和服装款式。

step 02 勾勒线稿。用软橡皮擦淡线稿，然后用针管笔（0.05mm）棕色 勾勒皮肤，接着用针管笔（0.05mm）黑色 勾勒耳饰和颈饰，并用彩色针管笔 89 勾勒牛仔裙，再用彩色针管笔 78 勾勒手包，最后用橡皮擦擦掉除头发部位之外的铅笔线稿。

step 03 绘制皮肤。用 COPIC E33 以平涂的方式绘制皮肤的底色，然后加深眉弓下方、眼窝、鼻头、鼻底、颧骨下方和身上的暗部，并在手臂的高光部位留白。

step 04 刻画五官。用 COPIC E25 加深眉毛、眼窝、颧骨下方、头部下方和身体的暗部，然后用 COPIC E25 绘制眼球，接着用 COPIC R85 绘制唇部和眼白的上半部分，再用针管笔（0.05mm）棕色 和针管笔（0.05mm）黑色 对五官进行修饰和勾勒，最后用樱花高光笔 绘制五官的亮部。

绘制服装。用 COPIC B000 以平涂的方式绘制牛仔服装的底色，待画面干透后，用 COPIC B95 的软头以扫笔的方式进一步为服装着色，以突出牛仔布料的接缝线。

step 06 叠加颜色。用 COPIC W-3 的软头以扫笔的方式加深服装的暗部，包括左右两侧和其他有褶皱的部位。

· 提示 ·

不要勾勒服装所有的结构线，要有虚实的变化，以更好地表现纱质面料的朦胧感。

step 08 增强对比。用 COPIC B97 的软头以扫笔的方式叠加颜色，在高光部位仍旧要留白，使明暗对比更明显一些，然后以跳笔的方式在裙摆的部位绘制一些点，让笔触更丰富，接着用 COPIC W-5 继续叠加裙摆的颜色，增强画面对比度。注意，笔触要和底色一致，以免显得杂乱。

step 07 强调暗部。用 COPIC BG09 的软头以扫笔的方式绘制服装的暗部，注意笔触要肯定，行笔速度要快，然后绘制接缝线上的深色点。

step 09 绘制黑纱。用 COPIC 100 ▇ 的侧锋绘制肩带、内衣边缘和颈饰，并绘制出大小不一的点。在绘制胸前的装饰部分时，可适当留白，然后用 COPIC E33 ▇ 绘制黑纱。待画面干后，用 COPIC C-2 ▇ 轻扫黑纱部位，隐约地透出肤色，以表现纱的透明质感。

step 10 绘制头发。用 COPIC 100 ▇ 的侧锋绘制头发，注意头型和发际线的形状，可以用更小的点来表现发际线边缘，然后勾勒出耳饰的轮廓。

step 11 绘制配饰。用 COPIC R59 ▇、COPIC E33 ▇、COPIC 100 ▇ 为手包着色，然后用 COPIC C-3 ▇ 以扫笔的方式绘制袜子的暗部、裙摆下方、脚踝和脚背处，接着用 COPIC C-5 ▇ 的软头绘制袜子的纵向纹路。为了让袜子的颜色与服装的颜色更统一，可以用 COPIC BG09 ▇ 绘制袜子的暗部，用 COPIC C-2 ▇ 轻扫一遍鞋的颜色，并用 COPIC E33 ▇ 为鞋着色，最后用 COPIC E25 ▇ 强调鞋的暗部。

step 12 调整修饰。用樱花高光笔 ▇ 对画面进行修饰。先以点的形式绘制耳饰、头饰和颈饰，然后以线条的形式绘制服装的轮廓和结构线，注意毛边也要绘制出来，接着以方形的点绘制胸前黑色的装饰部分。在画面未干时，可用手指轻抹一下，使颜色变淡，让高光部位发生变化，最后勾勒手包和鞋袜的轮廓线。

附录 基本绘画工具的介绍

　　不同构造、形状和材质的绘画工具有不同的特性，由此也形成了不同的艺术风格，同时也决定了绘画者的绘画技巧。在绘画时，我们可以通过相应的表现技法和一些辅助手段，将工具的特性充分发挥出来。本书中的案例主要是用马克笔绘制的。初学者可以通过了解马克笔的特性并学习一些基本技法，逐步形成自己的绘画风格，进而完成艺术创作。

》 马克笔

　　马克笔按笔头可分为方扁头和圆软头。在时装画绘制中，不同的笔可以绘制不同的线条和轮廓。马克笔具有颜色干得快和色泽明亮等优点，目前已成为设计师必备的工具。但它在局部的刻画上仍有一些局限性，因此在时装画绘制中需要搭配使用一些辅助工具，如彩色铅笔和针管笔等，这样会让画面更加细腻。

　　马克笔按墨水的溶剂可分为油性（含酒精）和水性。不同墨水的马克笔在饱和度上略有差别，但都具有易挥发和干得快的特性。马克笔通常有两个头，一头为硬方头，另一头为细软头。硬方头分为两侧，一侧用于大面积铺色，另一侧用于勾勒线条；细软头的表现力强，可以绘制多重效果，也易于进行颜色的渲染和叠加。

　　在绘制本书的案例效果图时，笔者使用的是 COPIC Ciao 马克笔 180 色，大家可以根据具体需要进行购买。

常用马克笔推荐

品牌	笔尖类型	特点
法卡勒	软头	颜色鲜艳，性价比高，适合初学者
Touch	软头	颜色艳丽，上色均匀，运笔流畅
COPIC	软头	颜色高级，混色性强，笔尖触感好

》 秀丽笔

　　秀丽笔俗称软笔，是一种书法笔，可用于勾勒轮廓、强调结构转折和描绘细节。其笔锋柔韧有弹性，出墨均匀，适合书写和绘画。秀丽笔的笔头有粗细之分，在绘制本书的案例效果图时，笔者使用的是吴竹牌秀丽笔，棕色和黑色各备了一支。

》 高光笔

　　高光笔是时装画绘制中的常用工具。使用方法有两种：一是可以对画面进行提亮，二是可以在深色背景下进行书写。高光笔的覆盖力强，笔尖有粗细之分。在绘制本书的案例效果图时，笔者使用的是樱花高光笔和三菱高光笔。